☁ ゼロからはじめる

ScanSnap Cloud
スキャンスナップ
クラウド

リンクアップ 著

技術評論社

CONTENTS

序章
ScanSnap の基本操作

- Section 01 ScanSnapの付属ソフトをインストールする ……… 8
- Section 02 ScanSnapをパソコンに接続する ……… 10
- Section 03 ScanSnapで書類をスキャンする ……… 12
- Section 04 スキャンデータのファイル形式を設定する ……… 14
- Section 05 スキャンデータをパソコンで閲覧／編集する ……… 16
- Section 06 スキャンデータをスマートフォンやタブレットで見る ……… 20
- Section 07 スキャンデータを整理する ……… 24
- Section 08 ScanSnapを無線LANに接続する ……… 26
- Section 09 スマートフォンやタブレットからリモートでスキャンする ……… 28
- Section 10 ページ内の文字を検索できるようにする ……… 32
- Section 11 パソコン内のPDFファイルをまとめて管理する ……… 34

第1章
ScanSnap Cloud の基本操作

- Section 12 ScanSnap Cloudとは ……… 36
- Section 13 ScanSnap Cloudに対応したクラウドサービス ……… 38
- Section 14 ScanSnap Cloudの導入準備をする ……… 40
- Section 15 パソコンでScanSnap Cloudを導入する ……… 42
- Section 16 スマートフォンでScanSnap Cloudを導入する ……… 50
- Section 17 スキャンデータの保存先を変更する ……… 56
- Section 18 スキャンデータの振り分け状態を確認する ……… 60
- Section 19 スキャンデータの読み取り設定を変更する ……… 66
- Section 20 スマートフォンでの通知設定を行う ……… 70

第2章
文書をスキャンして整理する

- Section 21 Dropboxとは ……… 72
- Section 22 Dropboxのアカウントを作成する ……… 74

Section 23	Windows版Dropboxをインストールする	76
Section 24	Dropboxに保存されたスキャンデータを閲覧する	78
Section 25	Dropboxにファイルを保存する	80
Section 26	スマートフォン版Dropboxをインストールする	82
Section 27	スマートフォン版Dropboxでスキャンデータを閲覧する	84
Section 28	スマートフォンのファイルをDropboxに保存する	86
Section 29	スマートフォンにDropboxのファイルを保存する	87
Section 30	Evernoteとは	88
Section 31	Evernoteのアカウントを作成する	90
Section 32	Windows版Evernoteをインストールする	92
Section 33	Evernoteに保存されたスキャンデータを閲覧する	94
Section 34	スキャンデータをノートブックとタグで管理する	96
Section 35	スマートフォン版Evernoteをインストールする	100
Section 36	iPhone版Evernoteでスキャンデータを閲覧する	102
Section 37	Android版Evernoteでスキャンデータを閲覧する	104
Section 38	Google Driveとは	106
Section 39	Googleアカウントを作成する	108
Section 40	Google Driveに保存されたスキャンデータを閲覧する	110
Section 41	Google Driveにファイルを保存する	112
Section 42	スマートフォン版Google Driveをインストールする	114
Section 43	スマートフォン版Google Driveでスキャンデータを閲覧する	116
Section 44	スマートフォンのファイルをGoogle Driveに保存する	118
Section 45	スマートフォンにGoogle Driveのファイルを保存する	119
Section 46	OneDriveとは	120
Section 47	Microsoftアカウントを作成する	122
Section 48	OneDriveに保存されたスキャンデータを閲覧する	124
Section 49	OneDriveにファイルを保存する	126
Section 50	スマートフォン版OneDriveをインストールする	128
Section 51	スマートフォン版OneDriveでスキャンデータを閲覧する	130
Section 52	スマートフォンのファイルをOneDriveに保存する	132
Section 53	スマートフォンにOneDriveのファイルを保存する	133

CONTENTS

第3章
名刺をスキャンして整理する

Section 54	Eightとは	136
Section 55	Eightのアカウントを作成する	138
Section 56	名刺をスキャンする	142
Section 57	名刺を閲覧する	144
Section 58	名刺を整理する	146
Section 59	知り合いとつながる	148
Section 60	スマートフォン版Eightをインストールする	150
Section 61	スマートフォン版Eightで名刺を閲覧する	152
Section 62	スマートフォン版Eightで名刺を整理する	154
Section 63	Evernoteで名刺を整理する	156

第4章
レシートや領収書をスキャンして整理する

Section 64	Dr.Walletとは	160
Section 65	Dr.Walletのアカウントを作成する	162
Section 66	レシートをスキャンする	164
Section 67	スキャンデータを編集する	166
Section 68	収入やレシートがない支出を手入力する	168
Section 69	今月の収支を確認する	170
Section 70	スマートフォン版Dr.Walletをインストールする	172
Section 71	スマートフォン版Dr.Walletでスキャンデータを編集する	174
Section 72	スマートフォン版Dr.Walletで今月の収支を確認する	176
Section 73	freeeとは	178
Section 74	freeeのアカウントを作成する	180
Section 75	領収書をスキャンして登録する	184
Section 76	領収書をDropbox経由で登録する	186
Section 77	スマートフォン版freeeを利用する	188
Section 78	MFクラウド会計とは	190

Section 79	MFクラウド会計のアカウントを作成する	192
Section 80	MFクラウド会計の初期設定を行う	194
Section 81	領収書をスキャンして登録する	196
Section 82	スマートフォン版MFクラウド会計を利用する	198
Section 83	STREAMEDとは	200
Section 84	STREAMEDのアカウントを作成する	202
Section 85	STREAMEDの初期設定を行う	204
Section 86	領収書をスキャンして登録する	206
Section 87	弥生会計オンラインとは	208
Section 88	弥生会計オンラインのアカウントを作成する	210
Section 89	弥生会計オンラインの初期設定を行う	212
Section 90	領収書をスキャンして登録する	214

第5章
写真をスキャンして整理する

Section 91	Googleフォトとは	218
Section 92	Googleフォトの初期設定をする	220
Section 93	スキャンした写真を閲覧する	222
Section 94	写真の日付を変更する	224
Section 95	写真を検索する	226
Section 96	写真を編集／修整する	228
Section 97	スマートフォン版Googleフォトをインストールする	230
Section 98	スマートフォン版Googleフォトで写真を閲覧する	232
Section 99	スマートフォン版Googleフォトで写真を編集／修整する	234
Section 100	そのほかのサービスに写真を保存する	236

ご注意:ご購入・ご利用の前に必ずお読みください

●本書に記載した内容は、情報の提供のみを目的としています。したがって、本書を用いた運用は、必ずお客様自身の責任と判断によって行ってください。これらの情報の運用の結果について、技術評論社および著者、アプリの開発者はいかなる責任も負いません。

●ソフトウェアに関する記述は、特に断りのない限り、2016年10月現在での最新バージョンをもとにしています。ソフトウェアはバージョンアップされる場合があり、本書での説明とは機能内容や画面図などが異なってしまうこともあり得ます。あらかじめご了承ください。

●本書は以下の環境で動作を確認しています。ご利用時には、一部内容が異なることがあります。あらかじめご了承ください。
機器 : ScanSnap iX500、ScanSnap iX100
端末 : iPhone 6s(iOS 10)、
　　　　Xperia Z5 SO-01H、Xperia X Performance SO-04H(Android 6.0)
パソコンのOS : Windows 10

●インターネットの情報については、URLや画面などが変更されている可能性があります。ご注意ください。

以上の注意事項をご承諾いただいたうえで、本書をご利用願います。これらの注意事項をお読みいただかずに、お問い合わせいただいても、技術評論社は対処しかねます。あらかじめ、ご承知おきください。

■本書に掲載した会社名、プログラム名、システム名などは、米国およびその他の国における登録商標または商標です。本文中では、™、®マークは明記していません。

序章

ScanSnapの基本操作

序章 ScanSnapの基本操作

Section 01 ScanSnapの付属ソフトをインストールする

ScanSnapを接続する前に、付属DVD-ROMから専用のソフトをインストールします。パソコンのDVDドライブにDVD-ROMを挿入し、インストールを行いましょう。なお、DVDドライブがない場合は、Webサイトからインストールが可能です。

付属DVD-ROMからインストールする

① パソコンのDVDドライブに付属DVD-ROMをセットし、画面右上に表示される＜ScanSnap.exeの実行＞をクリックします。

クリックする

② ＜インストール＞をクリックします。

クリックする

③ ＜ScanSnap＞をクリックします。「ユーザーアカウントの制御」の画面が表示されたら＜はい＞をクリックします。

クリックする

Memo パソコンにDVDドライブがない場合

パソコンにDVDドライブがない場合は、ScanSnapのWebサイト「http://scansnap.fujitsu.com/jp/downloads/」から付属ソフトをダウンロードして、パソコンにインストールすることもできます。

(4) 「インストール方法の選択」画面が表示されます。「セットアップディスクからインストールする」が選択されていることを確認し、<次へ>を2回クリックします。

(5) 「セットアップタイプ」画面が表示されます。「標準インストール」が選択されていることを確認し、<次へ>をクリックします。

(6) 使用許諾契約に同意してインストールを進め、「ScanSnapの電源の自動OFFについて」画面が表示されたら<次へ>をクリックします。

(7) <完了>をクリックすると、インストールが完了します。

序章 ScanSnapの基本操作

序章 ScanSnapの基本操作

Section 02

ScanSnapをパソコンに接続する

付属ソフトをインストールしたら、USBケーブルでパソコンとScanSnapを接続しましょう。なお、ScanSnap Cloudだけを利用したい場合も、接続は必要なので行うようにしましょう。また、本書ではiX100を例に解説しています。

ScanSnapをパソコンに接続する

① ドライバーのインストール後、「ScanSnapの接続方法」画面が表示されるので、付属のUSBケーブルでScanSnapとパソコンを接続して、<次へ>をクリックします。

クリックする

② ScanSnapの電源をオンにする解説の画面が表示されます。

Memo iX500の場合

本書ではScanSnap iX100を例に解説しています。iX500では手順①の前に電源ケーブルを接続します。そのほかは、ほぼ同様の操作で接続設定が行えます。詳しくはマニュアルを参照してください。

③ ScanSnapの給紙カバーを開いてボタンが青くなるのを確認し、手順②の画面で<次へ>をクリックします。

④ ScanSnapがパソコンに認識されると、タスクバー上にScanSnapのアイコンが表示されるので確認し、🅢をクリックして、<次へ>をクリックします。

❶クリックする
❷クリックする

⑤ <完了>をクリックすると、接続が完了します。

クリックする

⑥ 「ScanSnap無線設定」画面が表示されるので、ここでは<後で>をクリックします(無線LANの設定についてはP.26を参照)。必要に応じてオンラインアップデートを行い、インストーラを終了します。

クリックする

序章 ScanSnapの基本操作

序章　ScanSnapの基本操作

Section 03

ScanSnapで書類をスキャンする

パソコンにScanSnapが接続できたら、テストスキャンを行ってみましょう。スキャンはボタンを1回押すだけで行えます。スキャンデータは、「ScanSnap Organizer」へ登録され、閲覧できます。

書類をスキャンする

(1) ScanSnapの給紙カバーを開いて、書類をセットします。

(2) ＜Scan／Stop＞ボタンを押します。

(3) スキャンが行われると、「イメージ読み取りとファイル保存」画面が表示され、途中経過の確認ができます。スキャンが終わったら＜読み取り終了＞をクリックします。

スキャンデータを確認する

① P.12手順③のあと、クイックメニュー画面が表示されるので、＜このコンピュータに保存＞をクリックします。「ScanSnap Sync」の画面が表示された場合は、＜後で＞をクリックします。

クリックする

② ＜次回からこのメッセージを表示しない＞をクリックしてチェックを入れ、＜OK＞をクリックします。

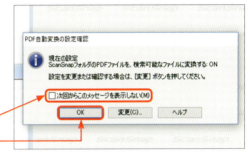

❶クリックする
❷クリックする

③ 「ScanSnap Organizer」が起動して、スキャンしたデータが確認できます。

Memo スキャンする際の注意点

ScanSnap iX500は表裏同時スキャンも可能です。複数枚の書類をスキャンするときや、表裏同時にスキャンを行うときは書類の向きに注意しましょう。書類を下向きにして、1ページ目が一番下になるようにセットします。なお、iX100でも複数枚の書類を連続してスキャンすることが可能です。

序章 ScanSnapの基本操作

Section 04 スキャンデータの ファイル形式を設定する

ScanSnapでスキャンしたデータは、PDF形式かJPEG形式のどちらかのファイル形式を選んで保存できます。スキャンする書類や用途、目的に応じたファイル形式を設定して利用しましょう。

PDF形式とJPEG形式の特徴

ScanSnapではスキャンデータをPDF形式、またはJPEG形式で保存できます。PDF形式とは、アドビシステムズが開発した電子文書のファイル形式です。異なるOSやコンピュータでもファイルの閲覧や印刷ができるようになっています。テキストや画像を含む複数ページの文書を、紙の書類同様のレイアウトで再現することが可能になります。一方のJPEG形式は、パソコンやデジタルカメラなどで標準的に使われている画像形式のことです。高解像度の画像でも低ファイル容量で済み、編集できるソフトの種類が豊富なのが最大のメリットです。

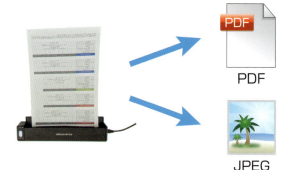

PDF形式	JPEG形式
・複数ページを1ファイルで取り扱うことができる ・OCR（光学文字認識）によるテキスト検索ができる ・ファイルの編集には対応ソフトが必要	・画像ファイルの標準的な形式 ・基本的に1ページ1ファイルとして扱われる ・複数ページをまとめるにはZIP形式などに圧縮するのが一般的

スキャンデータのファイル形式を設定する

(1) タスクバーの⑤を右クリックし、＜Scanボタンの設定＞をクリックします。

(2) ＜詳細＞をクリックします。

(3) ＜ファイル形式＞をクリックします。

(4) 「ファイル形式の選択」のプルダウンメニューをクリックして選択し、＜適用＞→＜OK＞の順にクリックします。

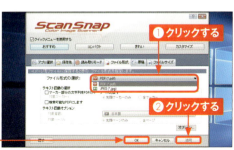

序章 ScanSnapの基本操作

Section 05

スキャンデータを パソコンで閲覧/編集する

ScanSnapでスキャンしたデータは、付属ソフトの「ScanSnap Organizer」で閲覧することができます。また、ページを回転したり削除したりといったデータの編集も行えます。

スキャンデータを表示する

① P.13手順③の状態で（またはデスクトップの＜ScanSnap Organizer＞をダブルクリック）、ScanSnap Organizerに登録されたファイルをダブルクリックします。

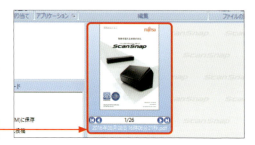

ダブルクリックする

② ＜ScanSnap Organizer ビューア＞をクリックして選択にし、＜OK＞をクリックします。

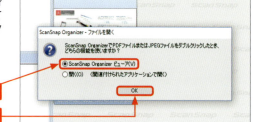

❶クリックする
❷クリックする

③ スキャンデータの1ページ目がScanSnap Organizerビューアに表示されます。左のサムネイルをクリックすると、表示されるページが選べます。

クリックする

表示を拡大する

(1) スキャンデータの表示倍率を変更したいときは、「倍率指定」の▼をクリックし、好みの倍率を選択します。

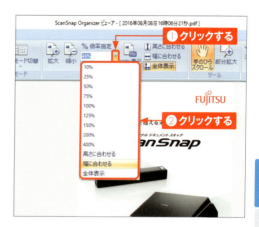

(2) <部分拡大>をクリックし、拡大したい場所をドラッグすると、任意の箇所が拡大されます。

Memo ほかのアプリケーションでPDFファイルを閲覧する

「Adobe Reader」などScanSnap Organizer以外のPDF閲覧ソフトでPDFファイルを見るには、<ホーム>タブの<アプリケーション>右下の をクリックし、「オプション」の<基本設定>で<開く>をクリックしてオンにします。

ページを回転する

(1) P.16手順③の画面で回転させたいページをクリックして選択し、＜編集＞をクリックして、＜左90度回転＞＜180度回転＞＜右90度回転＞のいずれかをクリックします。

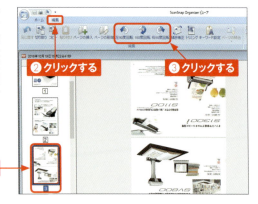

(2) ページが回転します。この状態でよければ、🔚 をクリックします。

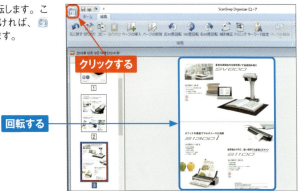

(3) ＜上書き保存＞をクリックすると、ページの回転が保存されます。

ページを削除する

(1) P.16手順③の画面で削除したいページをクリックして選択し、＜編集＞→＜ページの削除＞の順にクリックします。

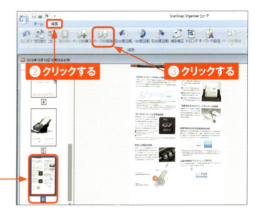

(2) 「ページの削除」画面が表示されるので、＜はい＞をクリックします。

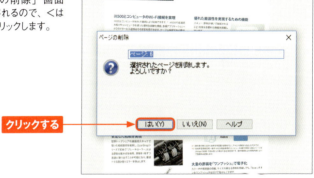

(3) をクリックし、＜上書き保存＞をクリックすると、任意のページを削除して保存されます。

序章 ScanSnapの基本操作

Section 06 スキャンデータをスマートフォンやタブレットで見る

スキャンしたデータをスマートフォンやタブレットなどに転送すると、外出先でファイルを閲覧することができ便利です。「モバイルに保存」を設定して、利用できるようにしておきましょう。

スキャンデータの転送設定を行う

① ⊞→＜すべてのアプリ＞→＜ScanSnap Manager＞→＜モバイルに保存＞の順にクリックし、「モバイルに保存」を起動して、＜OK＞をクリックします。

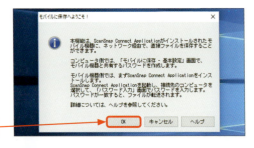

クリックする

② モバイル端末へ接続するために必要なパスワードを2回入力し、＜OK＞をクリックします。

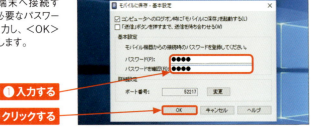

❶入力する
❷クリックする

③ 確認画面が表示されたら、＜OK＞をクリックします。

クリックする

④ 「Windowsセキュリティの重要な警告」画面が表示されたら、＜プライベートネットワーク＞をクリックして選択し、＜アクセスを許可する＞をクリックします。

🅢 アプリの設定を行う

●iPhone／iPadの場合

iOS端末ではApp Storeから、「ScanSnap Connect Application」アプリをインストールします（P.50参照）。手順②～③が表示されない場合は、手順④へ進んでください。

① ホーム画面で＜ScanSnap Connect Application＞をタップしてアプリを起動し、⚙をタップします。

② ＜接続先名＞をタップします。

③ 「コンピュータ」欄に表示されているScanSnapに接続したパソコンをタップします。

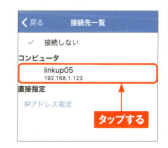

④ P.20手順②で設定したパスワードを入力して、＜OK＞をタップします。

●Androidの場合

AndroidではPlayストアから「ScanSnap Connect Application」アプリをインストールします（P.51参照）。なお、Android端末によっては動作が異なる場合があります。手順②～③が表示されない場合は、手順④へ進んでください。

① ホーム画面またはアプリ画面で＜ScanSnap Connect Application＞をタップしてアプリを起動し、⚙をタップします。

② ＜接続しない＞をタップします。

③ 「コンピュータ」欄に表示されているScanSnapに接続したパソコンをタップします。

④ P.20手順②で設定したパスワードを入力して、＜OK＞をタップします。

スキャンデータを転送する

① モバイル端末の設定が終了すると、「接続されているモバイル機器」画面が表示されます。Sec.03を参考に書類のスキャンを行い、＜読み取り終了＞をクリックします。

② スキャンデータがモバイル端末へ転送されます。P.21手順①もしくはP.22手順①の画面に戻ると、スキャンデータの一覧が表示され、タップすると閲覧できます。

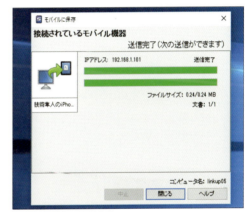

Memo スキャン済みのデータをスマートフォンやタブレットに転送する

すでに取り込んだスキャンデータをスマートフォンやタブレットに転送するには、P.16手順①の画面で転送したファイルをクリックし、＜ホーム＞→＜アプリケーション＞→＜モバイルに保存＞の順にクリックします。

序章 ScanSnapの基本操作

Section 07 スキャンデータを整理する

スキャンしたデータの整理／分類を行うには、「ScanSnap Organizer」を利用します。キャビネットで大きな分類を作り、その中にフォルダで小さな分類を作ることで見やすく整理できます。

キャビネットとフォルダでファイルを整理する

① P.16を参考にScanSnap Organizerを起動し、＜ホーム＞→＜キャビネット＞の順にクリックします。

② 新しいキャビネットが作成されるので、キャビネット名を入力します。

③ 作成したキャビネットをクリックし、＜フォルダ＞をクリックします。

④ キャビネットの下に新しいフォルダが作成されるので、フォルダ名を入力します。

入力する

⑤ 手順①～④を繰り返し、キャビネットとフォルダを作成します。＜ScanSnap＞をクリックし、ファイルをクリックしてフォルダにドラッグします。

❶クリックする
❷ドラッグする

⑥ フォルダをクリックすると、ファイルが移動したことが確認できます。

移動した

クリックする

序章 ScanSnapの基本操作

序章　ScanSnapの基本操作

Section 08

ScanSnapを無線LANに接続する

ScanSnapを無線LANに接続することで、パソコンを経由せずに直接スマートフォンやタブレットにスキャンデータを保存することができます。出先で資料などをスマートフォンやタブレットなどのモバイル端末に直接スキャンできるので便利です。

ScanSnapの無線LAN設定を行う

① あらかじめScanSnap Managerを終了し、背面にある＜Wi-Fi＞ボタンを＜ON＞にします。

オンにする

② ScanSnapを接続したパソコンで、⊞→＜すべてのアプリ＞→＜ScanSnap Manager＞→＜ScanSnap無線設定ツール＞の順にクリックすると「ScanSnap無線設定ツール」画面が表示されるので、「無線設定ウィザード」の左のボタンをクリックします。

クリックする

③ 無線LANアクセスポイント／ルーターの電源がオンになっているのを確認し、＜次へ＞をクリックします。

クリックする

26

④ <はい>をクリックします。

クリックする

⑤ <はい>をクリックします。

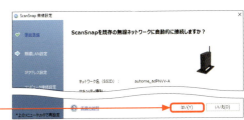

クリックする

⑥ 無線LANアクセスポイントの一覧が表示されるので、接続したいアクセスポイントをダブルクリックします。自動で接続できる場合は、手順⑥〜⑦は不要です。

ダブルクリックする

⑦ 無線LANアクセスポイントのセキュリティキーを入力し、<OK>をクリックします。

❶入力する
❷クリックする

⑧ 「接続に成功しました。」と表示されます。<OK>をクリックします。

クリックする

序章

ScanSnapの基本操作

27

序章 ScanSnapの基本操作

Section 09 スマートフォンやタブレットからリモートでスキャンする

無線LANへの接続ができたら、スマートフォンやタブレットからリモートでスキャンしてみましょう。リモートでのスキャンを行うには、「ScanSnap Connect Application」アプリが必要です（Sec.06参照）。

接続設定を行う

① P.27手順⑧のあと画面の指示に従って操作を進めると、このような画面が表示されます。＜次へ＞をクリックします。

クリックする

② パソコンとモバイル機器の切り替え方法を確認して、＜次へ＞をクリックします。

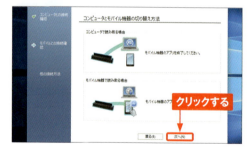

クリックする

③ ＜完了＞をクリックします。

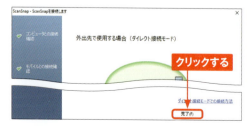

クリックする

🅂 スマートフォンやタブレットでスキャンを行う

●iPhone／iPadの場合

(1) iPhone／iPadで「ScanSnap Connect Application」アプリを起動して、⚙をタップします。

(2) ＜接続先名＞をタップします。

(3) 「ScanSnap」欄に表示されているScanSnapをタップします。

(4) ScanSnap本体裏に貼られているシールに記載されている「PASSWORD」を入力し、＜OK＞をタップします。

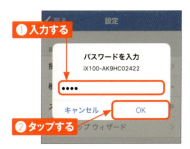

(5) ＜戻る＞をタップします。

(6) Scan Snapに書類をセットして＜Scan＞をタップします。

⑦ スキャンが開始されます。

⑧ すべてのスキャンが完了したら、<終了>をタップします。

タップする

⑨ スキャンしたファイルがiPhone／iPadに保存されます。

⑩ スキャンしたファイルをタップします。

タップする

⑪ iPhone／iPadで見ることができます。

●Androidの場合

① Androidスマートフォン/タブレットで「ScanSnap Connect Application」アプリを起動して、 をタップします。

② ＜接続しない＞をタップします。

③ 「ScanSnap」欄に接続するScanSnapが表示されたらタップします。

④ ScanSnap本体裏に貼られているシールに記載されている「PASSWORD」を入力し、＜OK＞をタップします。

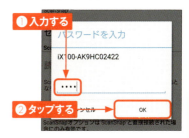

⑤ スキャンが可能な状態になると、＜Scan＞ボタンが青くなります。Scan Snapに書類をセットして＜Scan＞ボタンをタップすると、スキャンが開始されます。

⑥ 手順⑤の画面でスキャンしたファイルをタップすると、Androidスマートフォン/タブレットで見ることができます。

序章 ScanSnapの基本操作

Section 10 ページ内の文字を検索できるようにする

PDF形式でファイルを保存すると、ScanSnap OrganizerのOCR機能を利用してファイルをテキスト検索することができます。スキャンデータが多くなったときに、必要なファイルがどこにあるかがすぐに探せるので便利です。

PDFファイルを検索可能にする

(1) デスクトップで<ScanSnap Organizer>をダブルクリックします。

ダブルクリックする

(2) ScanSnap Organizerが起動します。左上のボタンをクリックし、<オプション>をクリックします。

① クリックする
② クリックする

(3) <PDF自動変換>をクリックし、<PDFファイルを自動的に検索可能にする>のチェックをオンにして、<OK>をクリックします。

① クリックする
② クリックする
③ クリックする

スキャン済みのPDFファイルを検索可能にする

(1) ファイルをクリックして選択し、＜検索可能なPDFに変換＞→＜選択中のPDFを変換＞の順にクリックします。

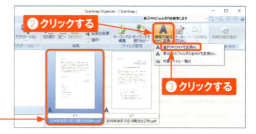

(2) 「検索可能なPDFに変換」画面が表示されるので、＜今すぐ実行＞→＜OK＞の順にクリックします。

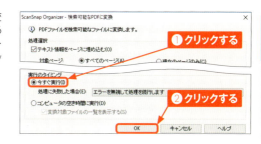

(3) 検索欄にキーワードを入力し、🔍をクリックすると、検索キーワードを含むファイルが一覧表示されます。

Memo　OCR機能の認識精度を上げる

スキャン画像を解析して文字情報をテキストデータとして認識するOCR（光学文字認識）機能は、すべての文字が正確に認識されるものではありません。数字、アルファベット、漢字、ひらがな、カタカナで文字の形が似ているものは、誤って認識されることが多くあります。読み取りの精度は、P.15手順③の画面で＜読み取りモード＞をクリックし、「画質の選択」を＜スーパーファイン＞にすると上げることができます（＜自動解像度＞でもそれなりの認識精度ではあります）。なお、認識精度を上げた場合、スキャンにかかる時間が長くなり、ファイル容量が大きくなるので注意しましょう。

序章 ScanSnapの基本操作

Section 11 パソコン内のPDFファイルをまとめて管理する

ScanSnapでスキャンしたファイル以外のパソコン内にあるそのほかのPDFファイルなども、ScanSnap Organizerでまとめて管理することができます。すべてのPDFファイルを一括で管理したい場合は活用してみましょう。

ScanSnap以外のファイルを登録する

① P.32を参考にScanSnap Organizerを起動し、＜ホーム＞→＜フォルダの割り当て＞→＜フォルダの割り当て＞の順にクリックします。

② パソコン内のPDFファイルの入ったフォルダをクリックし、＜OK＞をクリックします。

③ フォルダがScanSnap Organizerに登録され、フォルダ内のPDFファイルを閲覧／編集できます。

登録された

ScanSnap Cloudの基本操作

Section 12 ScanSnap Cloud とは

「ScanSnap Cloud」は、ScanSnapでスキャンするだけで指定したクラウドサービスへデータが送信される無料のクラウドサービスです。無線LAN（Wi-Fi）環境があればパソコンやスマートフォンを利用せずにScanSnapだけで送信できます。

ScanSnap Cloudとは

ScansSnap Cloudとは、パソコンやスマートフォンを使用することなく、ScanSnap本体だけでさまざまなクラウドサービスと連携することができるクラウドサービスです。無線LAN（Wi-Fi）の環境があれば、オフィスや自宅、外出先など、どのような場所でも利用することができます。これまではScanSnapでスキャンしたデータをパソコンやスマートフォンで編集、管理していましたが、ScanSnap Cloudを利用すると、スキャンしたデータがそのままクラウドへと送信されるようになります。

●これまでの作業

①デバイスを起動　　②用紙を仕分け

③スキャン　　④デバイスで連携クラウドを選択

●ScanSnap Cloud

①スキャンだけで OK

ScanSnap Cloudのしくみ

スキャンしたデータは、「文書」「名刺」「レシート」「写真」の4つの種類に自動的に判別され、それぞれを指定したクラウドサービスへと振り分けて保存します。たとえば書類をスキャンすればオンラインストレージのDropboxにデータが保存され、名刺をスキャンすれば名刺管理サービスのEightへデータが送信され自動的に名刺管理名簿が作成されます。また、レシートをスキャンすると家計簿サービスと連携してデータが保存され、写真をスキャンするとGoogleフォトに保存されます。

ScanSnap Cloudが利用できる機種

ScanSnap Cloudは、ScanSnap iX500およびScanSnap iX100で利用できます。ScanSnap Cloudのサービス開始よりも前に購入したiX500、iX100でも本体をアップデートすることで利用が可能です。なお、本書はiX100で解説しますが、iX500のみの操作についても補足しています。

ScanSnap iX500
最大50枚の原稿がセットでき、高速読み取りが可能なハイエンドモデル。A3サイズにも対応（A3キャリアシートを使用）。

ScanSnap iX100
コンパクトで軽量なモバイルモデル。USBポートから電源供給ができるバッテリー型。片面のみの読み取りに対応。

Section 13 ScanSnap Cloudに対応したクラウドサービス

ScanSnap Cloudには2016年10月現在、12のクラウドサービスが対応しています。文書、名刺、レシート、写真の4つの種別に適しているサービスがそれぞれ対応しているので、すでに利用しているサービスや使いやすいサービスを利用しましょう。

ScanSnap Cloudに対応したクラウドサービス

ScansSnap Cloudは、12のクラウドサービスに対応しています。「文書」「名刺」「レシート」「写真」の4つの種別ごとに最適なクラウドサービスが用意されており、すでにみなさんが利用しているサービスも含まれているでしょう。もし、まだ利用したことのないクラウドサービスがあれば、これを機会に試しに利用してみるのもよいでしょう。

●文書管理

Dropbox
(https://www.dropbox.com/)
使いやすくシンプルなクラウドストレージサービス。Sec.21参照。

Evernote
(https://evernote.com/intl/jp/)
タグでの管理ができるクラウド文書管理サービス。Sec.30参照。

Google Drive
(https://www.google.com/intl/ja/drive/)
Googleが展開するクラウドストレージサービス。Sec.38参照。

OneDrive
(https://onedrive.live.com/about/ja-jp/)
Microsoftのクラウドストレージサービス。Sec.46参照。

Box
(https://www.box.com/ja-jp/home)
無料で10GBまで利用できるクラウドストレージサービス。P.134参照。

● 名刺管理

Eight（https://8card.net/）
スキャンデータをオペレーターが手入力して登録する名刺管理サービス。Sec.54参照。

● レシート管理

Dr.Wallet
(https://www.drwallet.jp/)
スキャンしたレシートデータを手入力で登録する家計簿アプリ。Sec.64参照。

freee
(https://www.freee.co.jp/)
経理、会計の入力を自動化してくれるクラウド無料会計ソフト。Sec.73参照。

MFクラウド会計
(https://biz.moneyforward.com/)
取引入力や仕訳を自動で行うクラウド会計ソフト。Sec.78参照。

STREAMED
(http://streamedup.com/)
手書きの領収書も正確にデータ化が可能なクラウド経理計算アプリ。Sec.83参照。

弥生会計オンライン
(https://www.yayoi-kk.co.jp/products/account-ol/)
初心者でもかんたんに利用可能なクラウド会計ソフト。Sec.87参照。

● 写真管理

Googleフォト
(https://www.google.com/photos/about/)
写真の保管、管理が無料で行えるGoogleサービス。Sec.91参照。

第1章　ScanSnap Cloudの基本操作

Section 14

ScanSnap Cloud の導入準備をする

ScanSnap Cloudを導入してみましょう。はじめに導入に必要なものを確認し、不足がないように準備をしておきましょう。また、流れについても確認しておくと、スムーズに導入することができます。

ScanSnap Cloudの導入に必要なもの

ScansSnap Cloudの導入には、ScanSnap本体、デバイス、利用する各クラウドサービスのアカウント、無線LAN（Wi-Fi）環境が必要になります。

●ScanSnap本体

ScanSnap Cloudに対応しているScanSnap iX500かiX100で書類のスキャンを行います（P.37参照）。

●デバイス

パソコン、iPhone／iPad、Androidスマートフォン／タブレットのいずれかが必要です。それぞれに専用ソフトやアプリをインストールします。

●クラウドサービスのアカウント

ScanSnap Cloudの導入時に、スキャンデータの保存先を設定します。あらかじめクラウドサービスのアカウントを1つ作成しておきましょう（本書ではDropboxを利用。Sec.21～29参照）。

●無線LAN（Wi-Fi）環境

ScanSnap Cloudの導入、および導入後にスキャンしたデータを保存する際には無線LAN（Wi-Fi）環境が必要です。

ScanSnap Cloudの導入準備をする

ScansSnap Cloudの導入にパソコンを利用する場合は、まずはパソコンに専用のソフト「ScanSnap Cloud」をインストールする必要があります。インストール方法は2つあり、1つはオンラインアップデートによるインストール、もう1つは専用ホームページからインストールする方法です。本書では序章で付属DVD-ROMから付属ソフトをインストールする方法を紹介していますので、アップデートの方法で解説しています（P.42参照）。もし、ScanSnap Cloudだけを利用したいといった場合は、「ScanSnap Cloudダウンロード」（ http://scansnap.fujitsu.com/jp/downloads/scansnap-cloud.html ）から直接、専用ソフトをダウンロードしましょう。

また、iPhone ／ iPad、Androidスマートフォン／タブレットでScanSnap Cloudを導入したい場合は、Sec.16へと進んでお読みください。パソコンと同様、はじめに専用のアプリをインストールします。

専用ソフト、アプリをインストールしたら、ScanSnap Cloudのアカウントを作成し、データを保存する各クラウドサービスを設定します。本章ではそのあと、テストスキャンを行う手順までを解説します。また、第2章以降では、各クラウドサービスの使い方を解説します。

● ScanSnap Cloudを導入する流れ

①ソフト、アプリをインストール

データを保存するクラウドサービスのアカウントを1つ用意し、「ScanSnap Cloud」のソフトやアプリをインストールします（P.42、50、51参照）。

②ScanSnapをインターネットに接続

ScanSnapを無線LAN経由でインターネットに接続します（P.42、52参照）。

③ScanSnap Cloudのアカウントを作成

ScanSnap Cloudのアカウントを作成します（P.45、53参照）。

④データを保存するサービスを設定

スキャンしたデータを保存するクラウドサービスを設定します（P.46、54参照）。

Section 15 パソコンで ScanSnap Cloud を導入する

Sec.01ですでに付属ソフトをインストールしている場合は、ScanSnapオンラインアップデートを利用してScanSnap Cloudをインストールします。あらかじめDropboxなどのクラウドサービスのアカウントを1つ用意しておきましょう。

ScanSnapをインターネットに接続する

① ⊞→＜すべてのアプリ＞の順にクリックし、＜ScanSnapオンラインアップデート＞をクリックして、＜オンラインアップデート＞をクリックします。

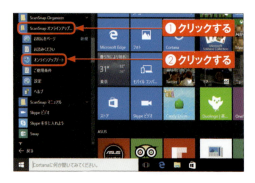

❶ クリックする
❷ クリックする

② 「ScanSnapオンラインアップデート」画面が開くので、＜ScanSnap Cloud＞をクリックし、＜インストール＞をクリックしてインストールを進めます。

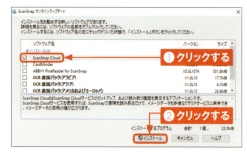

❶ クリックする
❷ クリックする

Memo ScanSnapオンラインアップデート

ScanSnapでは、新しい機能の追加やバグの修正などのソフトウェアのアップデートなどを「ScanSnapオンラインアップデート」を通じて行うことができます。

③ ■→＜すべてのアプリ＞→＜ScanSnap Cloud＞の順にクリックします。

クリックする

④ ＜初めて利用する＞をクリックします。

クリックする

⑤ ScanSnap本体のWi-Fiをオンにし（P.26参照）、パソコンとUSBケーブルで接続して、ScanSnap本体のカバーを開けたら＜次へ＞をクリックします。なお、古い機器を使用している場合は、本体のファームウェアのアップデートが必要になります。

クリックする

第1章 ScanSnap Cloudの基本操作

⑥ <続ける>をクリックします。

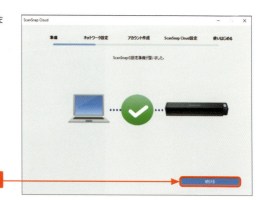

クリックする

⑦ <接続する>をクリックします。

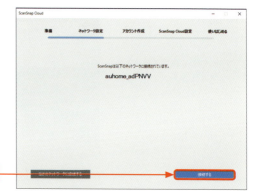

クリックする

⑧ <続ける>をクリックします。

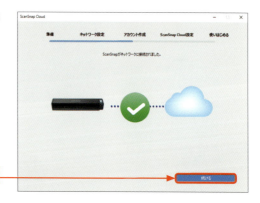

クリックする

ScanSnap Cloudのアカウントを作成する

(1) P.44手順❽のあとに右のような画面が表示されます。ScanSnap Cloudのアカウントに利用したいメールアドレス（アカウント名）と任意のパスワードを入力し、＜同意して登録＞をクリックします。

❶入力する
❷クリックする

(2) 手順❶で入力したメールアドレス宛に送信された確認コードを入力し、＜コードを確認する＞をクリックします。

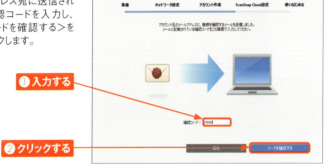

❶入力する
❷クリックする

(3) ＜続ける＞をクリックします。

クリックする

データの保存先を設定する

(1) P.45手順③のあとに右のような画面が表示されるので、＜設定を開始する＞をクリックします。

クリックする

(2) 文書、名刺、レシート、写真ごとに保存するサービスを振り分ける設定を行います。ここでは、＜文書＞をクリックし、＜サービスを選択＞をクリックします。

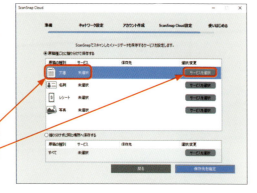

① クリックする
② クリックする

(3) ここでは、＜Dropbox＞をクリックし、＜選択する＞をクリックします。

① クリックする
② クリックする

(4) Dropboxのアカウントとパスワードを入力し、＜ログイン＞をクリックします（アカウントを作成していない場合は、Sec.22参照）。

① 入力する
② クリックする

(5) Dropboxの連携確認画面が表示されるので、＜許可＞をクリックします。

クリックする

(6) 文書をスキャンするとDropboxへ保存されるよう設定がされました。文書以外の設定についても文書と同じサービス（ここではDropbox）を設定するかどうか聞かれるので、ここでは＜設定する＞をクリックします。なお、あとからでも変更はできます（Sec.17参照）。

クリックする

(7) すべての保存先がDropboxに設定されました。＜保存先を確定＞をクリックします。

クリックする

(8) ＜続ける＞をクリックします。

クリックする

テストスキャンを行う

(1) P.47手順⑧のあとに右のような画面が表示されるので、ScanSnapとパソコンをつないでいるUSBケーブルを外し、<Scan / Stop>ボタンとWi-Fiランプが青色に点灯していることを確認して、<次へ>をクリックします。

クリックする

(2) ScanSnapに原稿をセットし、<次へ>をクリックします。

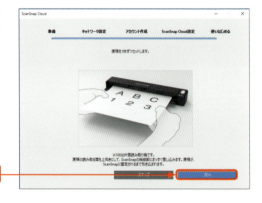

クリックする

(3) <Scan / Stop>ボタンを押して原稿をスキャンし、<次へ>をクリックします。

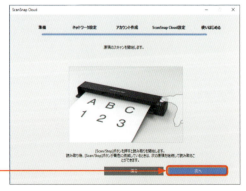

クリックする

④ スキャンが完了したら、＜Scan / Stop＞ボタンを押して、＜終了＞をクリックします。

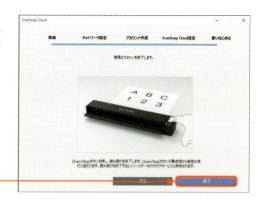

クリックする

⑤ ＜ScanSnap Cloudを使いはじめる＞をクリックします。

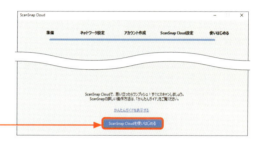

クリックする

⑥ 「ScanSnap Cloud」が起動します。振り分け前のデータは2週間保存され、その後自動で削除されます。

⑦ Dropboxの「ScanSnap」フォルダを見ると、スキャンした文書が保存されているのが確認できます。ファイル名は内容に合わせたものが自動的に付けられています。以上で導入は完了です。

文書が保存された

第1章 ScanSnap Cloudの基本操作

Section 16 スマートフォンでScanSnap Cloudを導入する

iPhone／iPadやAndroidスマートフォン／タブレットなどでScanSnap Cloudを導入する場合は、初めに専用アプリをインストールします。パソコン同様、こちらでもあらかじめクラウドサービスのアカウントを1つを用意しておきましょう。

導入用アプリをインストールする

●iPhone／iPadの場合

① ホーム画面で＜App Store＞→＜検索＞をタップし、検索欄に「scansnap cloud」と入力して＜検索＞（または＜Search＞）をタップします。

② ＜入手＞をタップし、＜インストール＞に変わったらさらにタップします。

③ Apple IDのパスワードの入力画面が表示されたら入力し、＜OK＞をタップします。

④ インストールが完了すると、ホーム画面に＜ScanSnap Cloud＞アプリのアイコンが表示されます。

●Androidの場合

① ホーム画面で＜Playストア＞をタップし、検索欄に「scansnap cloud」と入力して🔍をタップします。表示された＜ScanSnap Cloud＞アプリのアイコンをタップします。

② ＜インストール＞をタップします。

③ ＜同意する＞をタップします。

④ インストールが完了すると、ホーム画面に＜ScanSnap Cloud＞アプリのアイコンが表示されます。

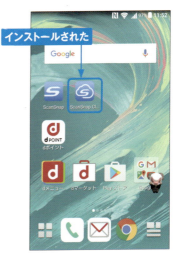

ScanSnapをインターネットに接続する

1 ホーム画面で＜ＳｃａｎＳｎａｐ Cloud＞をタップしてアプリを起動し、「ご使用条件」画面が表示されたら＜同意する＞をタップして、＜初めて利用する＞→＜確認して次へ＞→＜スタート＞の順にタップします。

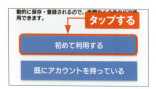

2 使用しているScanSnap（ここでは＜iX100＞）をタップし、＜次へ＞をタップします。

3 ScanSnapのWi-Fiをオンにし、カバーを開いて、＜次へ＞→＜次へ＞の順にタップします。

4 ScanSnapの＜Scan／Stop＞ボタンが青色に点灯したら＜次へ＞を3回タップします。

5 表示された設定するScanSnapをタップします。

6 ＜続ける＞→＜スタート＞→＜続ける＞の順にタップします。

ScanSnap Cloud のアカウントを作成する

(1) P.52手順⑥のあとにこのような画面が表示されるので、＜スタート＞をタップします。

(2) ＜アカウント作成＞をタップします。

(3) アカウントに利用したいメールアドレス（アカウント名）とパスワードを入力し、＜同意して登録＞をタップします。

(4) 手順③で入力したメールアドレス宛に送信された確認コードを入力し、＜コードを確認する＞をタップします。

(5) ＜続ける＞をタップします。

🅢 データの保存先を設定する

① P.53手順⑤のあとにこのような画面が表示されるので、＜スタート＞→＜設定を開始する＞の順にタップします。

② 文書、名刺、レシート、写真ごとに保存するサービスを振り分ける設定を行います。ここでは、＜文書＞をタップします。

③ ここでは、Dropboxの右にある＜選択＞をタップし、Dropboxへのログインを行います。

④ ＜確定する＞をタップします。

⑤ 文書をスキャンするとDropboxへ保存されるよう設定がされました。文書以外の設定についても文書と同じサービス（ここではDropbox）を設定するかどうか聞かれるので、ここでは＜設定する＞をタップします。なお、あとからでも変更はできます（Sec.17参照）。

⑥ すべての保存先がDropboxに設定されました。＜保存先を確定＞→＜続ける＞の順にタップします。

テストスキャンを行う

(1) P.54手順6のあとにこのような画面が表示されるので、＜Scan／Stop＞ボタンとWi-Fiランプが青色に点灯していることを確認し、＜スタート＞→＜次へ＞の順にタップします。

(2) ScanSnapに原稿をセットし、＜次へ＞をタップします。

(3) ＜Scan／Stop＞ボタンを押して原稿をスキャンし、＜次へ＞をタップします。

(4) スキャンが完了したら、＜Scan／Stop＞ボタンを押して、＜終了＞をタップします。

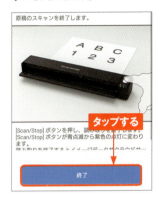

(5) ＜スキャン履歴画面へ＞をタップします。

(6) スキャン履歴画面が表示されます。ファイル名は内容に合わせたものが自動的に付けられています。＜Dropboxを開く＞をタップすると、「ScanSnap」フォルダにスキャンデータが保存されているのが確認できます。以上で導入は完了です。

第1章 基本操作 ScanSnap Cloudの

第1章 ScanSnap Cloudの基本操作

Section 17

スキャンデータの保存先を変更する

スキャンデータを保存するクラウドサービスは、あとからでも変更することができます。はじめのうちはいくつかのクラウドサービスを利用してみて、自分にとって使いやすいサービスを見つけてみるのもよいでしょう。

スキャンデータの保存先を変更する（パソコン）

1. P.43手順③を参考にScanSnap Cloudを起動し、＜ツール＞をクリックし、＜オプション＞をクリックします。

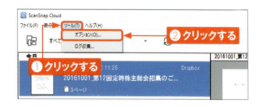

2. ＜スキャン設定＞をクリックし、スキャンデータの保存先を変更したい原稿の種別（ここでは＜写真＞）をクリックして＜変更＞をクリックします。

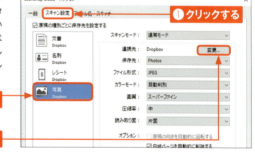

3. 変更したい保存先のサービス（ここでは＜Google Photos＞）をクリックし、＜選択する＞をクリックします。

(4) ここではGoogleフォトを選択したのでGoogleアカウントのアカウント名を入力し、＜次へ＞をクリックします。

(5) Googleアカウントのパスワードを入力し、＜ログイン＞をクリックします。

(6) リクエストの許可に関する画面が表示されるので、＜許可＞をクリックします。

(7) 保存先のサービスが変更されます。

スキャンデータの保存先を変更する（スマートフォン）

① P.52手順①を参考に＜ScanSnap Cloud＞アプリを起動し、≡をタップします。

② ＜設定＞をタップします。

③ ＜保存先サービスの選択＞をタップします。

④ スキャンデータの保存先を変更したい原稿の種別（ここでは＜写真＞）をタップします。

⑤ ＜選択解除＞をタップします。

⑥ もう一度スキャンデータの保存先を変更したい原稿の種別（ここでは＜写真＞）をタップします。

⑦ 変更したい保存先のサービス（ここでは＜Google Photos＞）の右にある＜選択＞をタップし、ログインを行って、＜確定する＞をタップします。

⑧ 保存先のサービスが変更されます。

第1章　ScanSnap Cloudの基本操作

Section 18

スキャンデータの振り分け状態を確認する

スキャンをしたデータを「文書」「名刺」「レシート」「写真」の種別ごとに確認することができます。また、振り分けが正しく行われなかった場合は、手動で振り分け直すことも可能です。

スキャンデータの振り分け状態を確認する（パソコン）

① ＜すべて＞をクリックします。

② 各原稿の種別の選択項目が表示され、クリックするとそれぞれに振り分けられたスキャンしたファイルが確認できます。

③ 手順②で＜文書＞をクリックすると、「文書」に振り分けられたスキャンしたファイルが確認できます。

④ 手順②で＜名刺＞をクリックすると、「名刺」に振り分けられたスキャンしたファイルが確認できます。

⑤ 手順②で＜レシート＞をクリックすると、「レシート」に振り分けられたスキャンしたファイルが確認できます。

⑥ 手順②で＜写真＞をクリックすると、「写真」に振り分けられたスキャンしたファイルが確認できます。

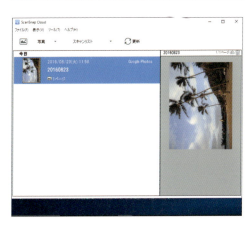

第1章 ScanSnap Cloudの基本操作

振り分けに失敗したデータを振り分け直す（パソコン）

(1) 誤って振り分けられたスキャンファイルをクリックして選択します。

クリックする

(2) ＜ファイル＞をクリックし、＜原稿の種別を変更＞をクリックします。

①**クリックする**
②**クリックする**

Memo スキャンエラーが発生した場合

スキャンしたファイルが正しく振り分けられない場合に、エラーメッセージが表示される場合があります。そのようなときは表示されているエラーコードを確認し、⑦をクリックしてエラーコードの内容を確認することで、エラーの原因がわかる場合があります。

クリックする
エラーコード

③ 変更したい原稿の種別をクリックし、<保存する>をクリックします。

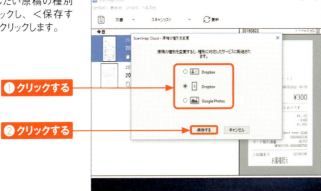

❶ クリックする

❷ クリックする

④ 手順①で選択したファイルの保存先が変更されます。

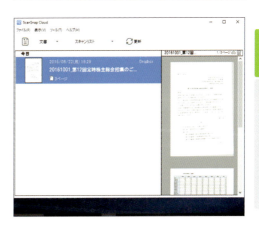

⑤ 変更先の原稿の種別を確認すると、ファイルの振り分けが変更されたことが確認できます。

スキャンデータの振り分け状態を確認する（スマートフォン）

●iPhone / iPadの場合

(1) ＜ALL＞の左にある📄（書類）、📇（名刺）、🧾（レシート）、🖼（写真）のアイコンをタップすると、それぞれの振り分けを確認できます。ここでは、📄をタップします。

(2) 「書類」に振り分けられたスキャンしたファイルが確認できます。

●Androidの場合

(1) ▼をタップすると、各原稿の種別の選択項目が表示され、タップするとそれぞれに振り分けられたスキャンしたファイルが確認できます。ここでは、＜名刺＞をタップします。

(2) 「名刺」に振り分けられたスキャンしたファイルが確認できます。

振り分けに失敗したデータを振り分け直す（スマートフォン）

1 誤って振り分けられたスキャンファイルをタップして選択します。

2 ⬆をタップします。

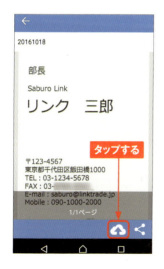

3 変更したい原稿の種別をタップします。

4 手順①で選択したファイルの保存先が変更されます。

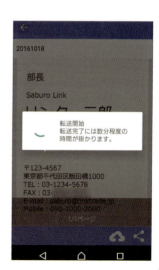

第1章 ScanSnap Cloudの基本操作

Section 19

スキャンデータの読み取り設定を変更する

スキャンの読み取り設定は、自分の好みに変更することができます。ファイル形式や画質、圧縮率などのほか、原稿の向きを自動的に回転させるかどうかや、白紙ページを削除するかどうかの設定も可能です。

読み取り設定を変更する（パソコン）

1. ＜ツール＞をクリックし、＜オプション＞をクリックします。

2. ＜スキャン設定＞をクリックし、読み取り設定を変更したい種別（ここでは＜文書＞）をクリックします。

③ 右側の各項目で設定の変更を行います。ここでは、「ファイル形式」の∨をクリックし、<JPEG>をクリックします。

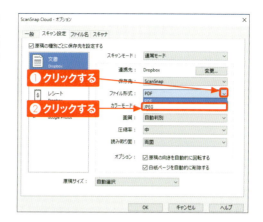

④ カラーモードを変更したい場合は「カラーモード」の右にある∨をクリックします。ここでは、<自動判別>をクリックします。

⑤ 画質を変更したい場合は、「画質」の右にある∨をクリックします。ここでは、<スーパーファイン>をクリックします。

⑥ ファイルの圧縮率を変更したい場合は、「圧縮率」の右にある ✓ をクリックします。ここでは、<低い（ファイルサイズ：大）>をクリックします。

⑦ 読み取り面の設定を変更したい場合は、「読み取り面」の右にある ✓ をクリックします。ここでは、<片面>をクリックします。

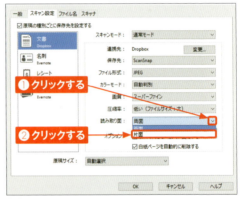

⑧ 各項目の設定の変更が完了したら、<OK>をクリックします。

読み取り設定を変更する（スマートフォン）

① ≡をタップします。

② ＜設定＞をタップします。

③ ＜読み取り設定＞をタップします。

④ 読み取り設定を変更したい種別（ここでは＜文書＞）をタップします。

⑤ 各項目の読み取り設定の変更ができます。

Section 20 スマートフォンでの通知設定を行う

スマートフォンと連携してScanSnap Cloudを利用すると、スキャンが完了したとき、保存が完了したとき、エラーが発生したときに通知を受けることができます。それぞれの通知は、オン／オフの設定が可能です。

スマートフォンでの通知設定を行う

●iPhone／iPadの場合

① ≡をタップし、＜設定＞をタップします。

② ＜通知設定＞をタップします。

③ 通知を受けたい項目の ◯ をタップして ◉ にします。

●Androidの場合

① ≡をタップし、＜設定＞をタップします。

② ＜通知設定＞をタップします。

③ 通知を受けたい項目の ◯ をタップして ◉ にします。

第2章

文書をスキャンして整理する

第2章 文書をスキャンして整理する

Section 21 Dropboxとは

スキャンしたデータをどこにいても活用したいなら、「Dropbox」が便利です。インターネット上にファイルを保存するので、パソコンだけでなくスマートフォンからも閲覧、編集ができ、Dropboxを介したデータの転送もかんたんに行えます。

パソコン、スマートフォンで利用できる

「Dropbox」（https://www.dropbox.com/）は、データをインターネット上に保存できるクラウドサービスです。自宅のパソコンやスマートフォン、会社のパソコンでも同じデータを閲覧したり、編集することができます。
パソコンやスマートフォンからDropboxにデータを保存すると、インターネット上のサーバーに保存されます。このデータにはDropboxのIDとパスワードがあれば、どのパソコンやスマートフォンからでもアクセスすることができます。Dropboxに保存しておけば、仕事のExcelファイルやPDFファイルなどをいつでも確認／修正できるので、たいへん便利です。

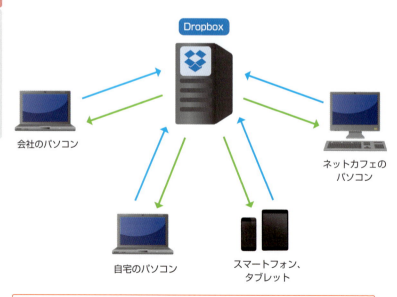

同じIDとパスワードを使えば、どのデバイスからでも、同じデータが取り扱えます。

フォルダ感覚で使えるDropbox

Dropboxは操作がかんたんなので、クラウドサービスと意識せずに利用できます。パソコンで使用する場合は、普段通りフォルダに保存する要領でファイルを移動させれば、自動的にインターネット上のDropboxサーバーにアップロードされるしくみです。

パソコンのエクスプローラーで利用できます。

無料で使える保存容量は2GB

Dropboxは、無料で2GBのデータ保存容量が利用可能です。2GBでは少ないと感じるなら、友だちにDropboxを紹介するなどのキャンペーンを利用することで、容量を増やすことができます。キャンペーンはDropboxの公式サイトで不定期に公開しているので、チェックしてみましょう。

アカウント作成後、指定のアクションを行うと容量を増やすことが可能です。

Memo ビジネス用には個人用有料版「Dropbox Pro」がおすすめ

無料で利用できるDropboxのデータ保存容量は2GBですが、大量のデータの保存が必要な場合は、個人向けの有料版を利用してみるのもよいでしょう。「Dropbox Pro」は1か月1,200円で、1TBまでのデータ保存容量が利用できます。詳しくは、Dropbox Proのサイト（https://www.dropbox.com/ja_pro）を参照してください。

Section 22 Dropboxのアカウントを作成する

Dropboxを利用するには、アカウントを取得する必要があります。名前、メールアドレス、パスワードを登録するだけで取得できます。また、Googleアカウントで登録することも可能です。

Dropboxのアカウントを作成する

① Webブラウザを起動し、アドレスバーに「https://www/dropbox.com/」と入力して、Enterキーを押します。

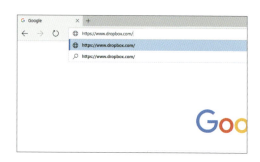

② Dropboxのサイトが表示されます。氏名、メールアドレス、パスワードを入力し、「Dropboxの利用規約に同意します」のチェックボックスをクリックして、＜登録する（無料）＞をクリックします。

Memo Googleアカウントで登録する

Dropboxのアカウントは、Googleアカウントを利用して登録することもできます。手順②の画面で＜Googleアカウントで登録（無料）＞をクリックし、Googleアカウントへログインして、許可のリクエストを求める画面で＜許可＞をクリックすると作成できます。

③ 手順②で入力したメールアドレスに、Dropboxから「メールアドレスを確認してください」という件名のメールが送信されます。＜メールアドレスを確認する＞をクリックします。

④ Webブラウザが開き、Dropboxのログインページが表示されます。手順②で入力したメールアドレスとパスワードを入力し、＜ログイン＞をクリックします。

⑤ 「メールアドレスを確認しました」と表示され、アカウントの登録が完了します。最後に＜完了＞をクリックします。

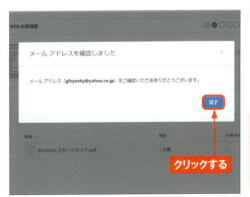

第2章 文書をスキャンして整理する

Section 23 Windows版Dropboxをインストールする

パソコンでDropboxを使うには、専用ソフトをパソコンにインストールすると便利です。インストールすることで、エクスプローラーから通常の操作と同様にフォルダやファイルの管理ができます。

Dropboxをインストールする

1. P.74を参考にDropboxのサイトを表示し、画面下の … をクリックして、＜インストール＞をクリックします。

2. ＜無料ダウンロード＞をクリックします。

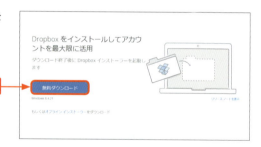

3. ダウンロードが開始されます。完了したら、＜実行＞をクリックします。

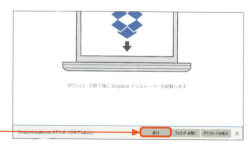

④ 「Dropboxの設定」画面が表示されるので、＜自分のDropboxを開く＞をクリックします。

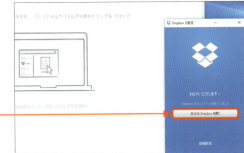

クリックする

⑤ 「Dropboxにようこそ」画面が表示されるので、＜スタートガイド＞をクリックし、＜次へ＞を3回クリックします。

琳久太郎 さん、Dropbox にようこそ！

クリックする → スタートガイド

⑥ ＜完了＞をクリックします。

Dropbox フォルダに最初のファイルをドラッグ アンド ドロップしましょう。

クリックする → 完了

⑦ Dropboxのフォルダがエクスプローラーで開き、デスクトップ画面には、Dropboxのショートカットアイコンが配置されます。

配置される

開く

Dropbox

第2章 文書をスキャンして整理する

Section 24 Dropboxに保存されたスキャンデータを閲覧する

ScanSnap Cloudでスキャンしたデータを閲覧してみましょう。スキャンを行うと、自動でDropboxにファイルが保存されます。ここでは、エクスプローラーでの確認、閲覧の方法と、付属ソフト「ScanSnap Organizer」での閲覧方法を紹介します。

エクスプローラーから閲覧する

① P.80を参考にDropboxのフォルダを開き、＜ScanSnap＞をクリックします。

クリックする

② 閲覧したいスキャンしたファイルをクリックします。

クリックする

③ パソコンで指定されているPDFを閲覧するソフトが起動し、閲覧ができます。

ScanSnap Organizerから閲覧する

① P.16を参考に「ScanSnap Organizer」を開きます。＜フォルダの割り当て＞をクリックし、DropboxにあるScanSnapでスキャンしたファイルが保存されるフォルダをクリックして（ここでは、＜ScanSnap＞）、＜OK＞をクリックします。

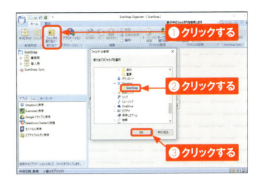

② DropboxにあるScanSnapでスキャンしたファイルが保存されるフォルダ（ここでは＜ScanSnap＞）が割り当てられるので、クリックします。

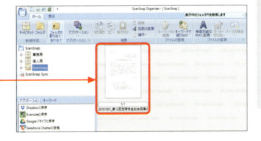

③ ファイルのサムネイルをクリックします。

④ ファイルが表示されます。P.17を参考に、表示を拡大して閲覧ができます。

Section 25 Dropboxにファイルを保存する

Dropboxにファイルを保存するには、パソコンのDropboxフォルダにファイルをドラッグ&ドロップするだけでOKです。Dropboxフォルダに保存したファイルは、インターネット上のサーバーに保存され、いつでもどのデバイスからでも閲覧することができます。

Dropboxにファイルを保存する

① タスクバーの通知領域にあるDropboxアイコンを右クリックします。

右クリックする

② ■ をクリックします。

クリックする

Memo そのほかのDropboxフォルダの開き方

P.77手順⑦で配置されたDropboxのショートカットアイコンをダブルクリックすると、エクスプローラーが開き、手順③の画面が表示されます。

クリックする

③ Dropboxフォルダがデスクトップに表示されます。

④ 任意のファイルをDropboxフォルダにドラッグ＆ドロップします。

ドラッグ&ドロップする

⑤ Dropboxフォルダにファイルが保存されます。

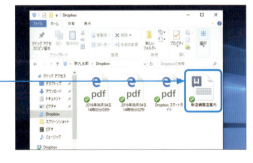

追加される

Memo Dropboxで会社と自宅のパソコンのデータを同期する

Dropboxは複数のパソコンにインストールして使うことができます。たとえば、会社のパソコンと自宅のパソコンの両方にDropboxの専用ソフトをインストールし、同一のID、パスワードでログインすれば、どちらのパソコンからでも常に同じデータにアクセスができます。

第2章 文書をスキャンして整理する

Section 26 スマートフォン版 Dropbox をインストールする

Dropboxはスマートフォンに対応しています。Dropboxのアプリをインストールすれば、Dropbox内に保存したファイルを閲覧したり、メール送信に添付するなどさまざまな用途で活用できます。

Dropboxをインストールする

●iPhone ／ iPadの場合

(1) P.50を参考にApp Storeで「Dropbox」を検索し、インストールします。

タップしてインストールする

(2) インストールが完了したらホーム画面で＜Dropbox＞をタップし、アプリを起動します。＜ログイン＞をタップします。

タップする

(3) DropboxのIDに登録したメールアドレスとパスワードを入力し、＜ログイン＞をタップします。

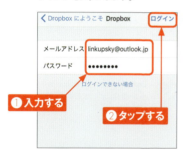
①入力する
②タップする

(4) Dropboxにログインし、ファイル管理画面が表示されます。

●Androidの場合

(1) P.51を参考にPlayストアで「Dropbox」を検索し、インストールします。

(2) インストールが完了したらアプリ画面で＜Dropbox＞をタップし、アプリを起動します。＜ログイン＞をタップします。

(3) DropboxのIDに登録したメールアドレスとパスワードを入力し、＜ログイン＞をタップします。

(4) Dropboxにログインし、ファイル管理画面が表示されます。

第2章 文書をスキャンして整理する

Section 27 スマートフォン版Dropboxでスキャンデータを閲覧する

ScanSnap CloudとDropboxを連携させておけば、スキャンしたデータはDropboxに自動的に保存されます。通常の設定では、スキャンデータはDropboxフォルダ内に作成される「ScanSnap」フォルダに保存されます。

スキャンデータを閲覧する

●iPhone／iPadの場合

(1) ホーム画面で＜Dropbox＞をタップしてアプリを起動します。＜ファイル＞をタップし、＜ScanSnap＞をタップします。

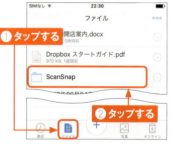

(2) 閲覧したいスキャンデータをタップします。

(3) ファイルが表示されます。

(4) ピンチイン／ピンチアウトをすると、ファイルを拡大して閲覧ができます。

●Androidの場合

(1) ホーム画面またはアプリ画面で＜Dropbox＞をタップしてアプリを起動します。☰→＜ファイル＞をタップし、＜ScanSnap＞をタップします。

(2) 閲覧したいスキャンデータをタップします。

(3) ファイルが表示されます。

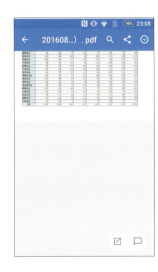

(4) ピンチイン／ピンチアウトをすると、ファイルを拡大して閲覧ができます。

第2章　文書をスキャンして整理する

Section 28 スマートフォンのファイルをDropboxに保存する

スマートフォン内や他のクラウドサービスにあるファイルは、<Dropbox>アプリから保存できます。保存できるファイルはPDFファイルや画像ファイルだけでなく、Excelファイルなどのドキュメントも可能です。

スマートフォンのファイルを保存する（Android）

① P.85手順①を参考にアプリを起動し、＋をタップします。

② <ファイルをアップロード>をタップします。

③ ≡をタップして保存先をタップし（ここでは<内部ストレージ>→<Download>）、保存したいファイルをタップすると、保存が行われます。

Memo　iPhoneの場合

iPhoneの場合、ファイルの保存はできませんが、写真の保存が可能です。＋をタップし、<写真をアップロード>をタップしたあと、保存したい写真のサムネイルをタップして、<アップロード>をタップすると写真が保存されます。

Section 29 スマートフォンにDropboxのファイルを保存する

Dropboxに保存されているファイルは、オフラインアクセスを可にすることでスマートフォンにファイルが保存されるので、インターネットに接続していない状態でも閲覧ができるようになります。

ファイルをオフライン保存する（Android）

① P.85手順③の画面で、◉をタップします。

② 「オフラインアクセス可」の を タップします。

③ 保存されたファイルには、 が表示されます。ファイルをタップすると、インターネットに接続されていない状態でも閲覧ができます。

Memo iPhoneの場合

iPhoneの場合はP.84手順③の画面で をタップし、＜オフラインアクセスを許可＞をタップすることでオフライン保存ができます。

Section 30 Evernote とは

Evernoteとは、インターネット上に保存できる自分だけのメモ管理サービスです。パソコンやスマートフォンから追加や閲覧、編集することができるため、ScanSnapでスキャンしたPDFファイルや画像を保存すれば、より活用の幅も広がります。

Evernoteのしくみ

「Evernote」（https://evernote.com/intl/jp/）は、インターネット上のサーバーにメモを保存できるサービスです。メモといってもテキストメモだけでなく、画像やPDF、Excel、Word、音声や動画ファイルといった主だったファイル形式に対応しており、閲覧はもちろん、追加したファイルは編集することも可能です。メモを追加したり編集したりすれば、リアルタイムで同期が行われ、いつでもどのデバイスからも最新のメモを取り出すことができます。

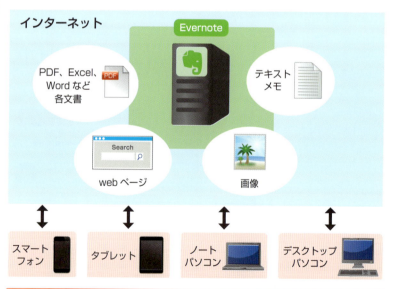

同一のIDとパスワードを使えば、どのデバイスからもメモなどを追加し、閲覧、編集が行えます。

Webページを丸ごと保存できる

Evernoteの大きな特徴の1つとして、Webページを丸ごと保存できる点が挙げられます。パソコンやスマートフォンのWebブラウザで閲覧しているページを、連携ソフトやアプリを使って、見たままの形でEvernoteに保存することが可能です。Webから集めてきた内容を集積しておくのに、これほど便利なツールはないでしょう。

iPhoneのSafariで表示してるWebページも、かんたんにEvernoteに丸ごと保存できます。

連携アプリが多数リリース

Evernoteは連携ソフト、とくにスマートフォンやタブレットの連携アプリが多数リリースされています。さまざまなアプリと連携することで、多彩なデータをEvernoteに集約することができるのです。

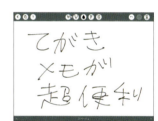

iPad用アプリ「Penultimate」は、滑らかな手描きでメモでき、Evernoteとも連携できます。

Memo EvernoteとDropboxの違いは?

インターネット上のサーバーにデータをアップロードできるという意味では、EvernoteとDropboxはたいへん似ています。しかし、Dropboxはファイルそのものを保存し、Evernoteはメモを「ノート」に貼り付けて保存するという違いがあります。ファイルそのものを保存しておくのであればDropboxが便利ですが、Evernoteは検索機能に優れ、貼り付けたファイル内の文字検索ができます。そういった意味ではDropboxはネット上のストレージ、Evernoteはどこからでもアクセスできるデータベースとして利用するのがおすすめです。

第2章　文書をスキャンして整理する

Section 31 Evernoteのアカウントを作成する

Evernoteを利用するために必要なアカウントは、Webブラウザからかんたんに作成することができます。パソコンからだけでなく、iPhoneやスマートフォンからでも作成が可能です。その場合は専用アプリから作成しましょう。

Evernoteのアカウントを作成する

① Webブラウザを起動し、アドレスバーに「https://evernote.com/intl/jp/」と入力して、Enterキーを押します。

② Evernoteのサイトが表示されます。任意のメールアドレスとパスワードを入力して、＜無料で新規登録＞をクリックします。

❶入力する
❷クリックする

③ アカウントが作成されます。

Memo 快適に使える有料版「プラス」「プレミアム」

Evernoteは、プランによって月々にアップロードできる容量が決まっています。無料版の「ベーシック」は60MBまでで、同期できる端末は2台までです。画像やファイルをたくさんアップロードしたいユーザーにとっては少々物足りないかもしれません。その場合は有料版の「プラス」(年間3,100円、月間アップロード容量1GB、すべての端末で同期が可能)や、「プレミアム」(年間5,200円、月間アップロード容量10GB、すべての端末で同期が可能)へのアップグレードをおすすめします。アップグレードにはクレジットカードの登録が必要になります。

● プランごとのアップロード容量とノートの上限サイズ

	ベーシック(無料)	プラス(3,100円／年)	プレミア(5,200円／年)
月間アップロード容量	60MB	1GB	10GB
ノート上限 ※	25MB	50MB	200MB
使用端末の上限	2台まで	使用端末のすべてで利用可能	使用端末のすべてで利用可能

※ノート上限とは1つのノートが持てる上限サイズを指します。

Evernoteのメニューバーにあるアカウントアイコンをクリックし、<アップグレード>をクリックすると、有料版へのアップグレードのページへ移動します。

第2章 文書をスキャンして整理する

Section 32 Windows版Evernoteをインストールする

Evernoteはスマートフォンだけでも利用できますが、使い込むにはパソコン版の活用がおすすめです。パソコンを経由して仕事やプライベートのメモや画像、ファイルを「ノート」に貼り付ければ、いつでもどこでも閲覧できます。

Evernoteをインストールする

① P.90手順②の画面で＜ダウンロード＞をクリックすると、自動的にダウンロードが開始します。完了したら、＜実行＞をクリックします。

② 「ソフトウェアライセンス条項に同意します」をクリックしてチェックを入れ、＜インストール＞をクリックします。

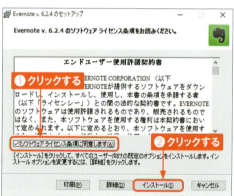

③ ＜完了＞をクリックします。

紙面版 電脳会議 DENNOUKAIGI 一切無料

今が旬の情報を満載してお送りします!

『電脳会議』は、年6回の不定期刊行情報誌です。A4判・16頁オールカラーで、弊社発行の新刊・近刊書籍・雑誌を紹介しています。この『電脳会議』の特徴は、単なる本の紹介だけでなく、著者と編集者が協力し、その本の重点や狙いをわかりやすく説明していることです。現在200号に迫っている、出版界で評判の情報誌です。

毎号、厳選ブックガイドもついてくる!!

『電脳会議』とは別に、1テーマごとにセレクトした優良図書を紹介するブックカタログ(A4判・4頁オールカラー)が2点同封されます。

電子書籍を読んでみよう！

技術評論社　GDP　　検索

と検索するか、以下のURLを入力してください。

https://gihyo.jp/dp

1 アカウントを登録後、ログインします。
【外部サービス（Google、Facebook、Yahoo!JAPAN）でもログイン可能】

2 ラインナップは入門書から専門書、趣味書まで1,000点以上！

3 購入したい書籍を　カート　に入れます。

4 お支払いは「**PayPal**」「**YAHOO!** ウォレット」にて決済します。

5 さあ、電子書籍の読書スタートです！

●**ご利用上のご注意**　当サイトで販売されている電子書籍のご利用にあたっては、以下の点にご留意くだ
■**インターネット接続環境**　電子書籍のダウンロードについては、ブロードバンド環境を推奨いたします。
■**閲覧環境**　PDF版については、Adobe ReaderなどのPDFリーダーソフト、EPUB版については、EPUBリー
■**電子書籍の複製**　当サイトで販売されている電子書籍は、購入した個人のご利用を目的としてのみ、閲覧、保
ご覧いただく人数分をご購入いただきます。
■**改ざん・複製・共有の禁止**　電子書籍の著作権はコンテンツの著作権者にありますので、許可を得ない改ざ

Software Design WEB+DB PRESS も電子版で読める

電子版定期購読が便利!

くわしくは、
「Gihyo Digital Publishing」
のトップページをご覧ください。

電子書籍をプレゼントしよう! 🎁

Gihyo Digital Publishing でお買い求めいただける特定の商品と引き替えが可能な、ギフトコードをご購入いただけるようになりました。おすすめの電子書籍や電子雑誌を贈ってみませんか?

こんなシーンで… ●ご入学のお祝いに ●新社会人への贈り物に ……

● **ギフトコードとは?** Gihyo Digital Publishing で販売している商品と引き替えできるクーポンコードです。コードと商品は一対一で結びつけられています。

くわしいご利用方法は、「Gihyo Digital Publishing」をご覧ください。

・ソフトのインストールが必要となります。
印刷を行うことができます。法人・学校での一括購入においても、利用者1人につき1アカウントが必要となり、
他人への譲渡、共有はすべて著作権法および規約違反です。

電脳会議
紙面版
新規送付のお申し込みは…

ウェブ検索またはブラウザへのアドレス入力の
どちらかをご利用ください。
GoogleやYahoo!のウェブサイトにある検索ボックスで、

電脳会議事務局 検 索

と検索してください。
または、Internet Explorerなどのブラウザで、

https://gihyo.jp/site/inquiry/dennou

と入力してください。

「電脳会議」紙面版の送付は送料含め費用は一切無料です。
そのため、購読者と電脳会議事務局との間には、権利&義務関係は一切生じませんので、予めご了承ください。

技術評論社　電脳会議事務局
〒162-0846　東京都新宿区市谷左内町21-13

(4) 「Evernote」が起動します。＜既にアカウントを持っている場合＞をクリックします。

クリックする

(5) P.90で入力したメールアドレスとパスワードを入力し、＜サインイン＞をクリックします。

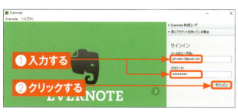

❶入力する
❷クリックする

(6) Evernoteが利用できます。

Memo Webブラウザ版も高機能なEvernote

Evernoteの公式サイトから登録メールアドレスとパスワードを入力すれば、Webブラウザ上でもEvernoteを利用できます。Webブラウザ版もインストールソフト版とほぼ変わらない機能性を誇り、ノートの作成・編集・タグ付けなど、ほとんど同じ機能を使いこなすことができます。

第2章 文書をスキャンして整理する

Section 33 Evernoteに保存されたスキャンデータを閲覧する

ScanSnap Cloudの保存先にEvernoteを連携すると、スキャンしたデータはEvernoteへと保存されます。保存されたスキャンデータは、Sec.32でインストールしたWindows版Evernoteで閲覧することができます。

Evernoteでスキャンデータを閲覧する

(1) デスクトップの＜Evernote＞をダブルクリックします。

ダブルクリックする

(2) Evernoteが起動し、スキャンしたデータが表示されます（表示されない場合は、＜同期＞をクリックします）。確認したファイルをクリックします。

クリックする

Memo 保存先をEvernoteに変更する

本書は始めにScanSnap Cloudの保存先をDropboxに設定しましたが（Sec.15～16参照）、Dropbox以外のサービスで利用する場合はSec.17を参考に保存を変更しましょう。なお、Evernoteでは連携設定を行う際に、アカウントへのアクセス許可の設定期間を指定する画面が表示されるので、1年間、30日間、1週間、1日から選択しましょう。

③ ファイルが開き、内容の確認ができます。

5 Evernoteのスキャンデータをパソコンに保存する

① 上の手順③の画面上にマウスカーソルを乗せ、◉をクリックします。

クリックする

② パソコンで指定されているPDFを閲覧するソフトが起動し、PDFの内容が表示されます。💾をクリックします。

クリックする

③ 「名前を付けて保存」画面が表示されるので、保存場所を選択し、<保存>をクリックすると、ファイルが保存されます。

❶入力する
❷クリックする

第2章 文書をスキャンして整理する

Section 34

スキャンデータを
ノートブックとタグで管理する

Evernoteはメモやファイルを追加した「ノート」を累積したデータベースです。大量のノートがたまってくると、必要な情報が探しにくくなってしまいます。「ノートブック」と「タグ」を活用することで、データを分類して整理しましょう。

ノートブックで管理する

Evernoteでは、メモやPDFファイルなどを「ノート」に追加する形で保存しています。「ノート」はパソコン上のファイルと同様のものだと考えるとわかりやすいでしょう。しかし、ノートが増えてくると、あとからデータを探し出すのが困難になります。そこで、ノートを「ノートブック」にまとめることで、情報が整理しやすくなります。「ノートブック」はパソコンでいうフォルダのようなものです。

Evernote

> 数が増えると必要な情報が探しにくい

Aプロジェクトの
PDF

Aプロジェクトの
画像

Bプロジェクトの
画像

Bプロジェクトの
PDF

> ノートブックでプロジェクトごとに
> 仕分けしているので情報が探しやすい

Evernote

「Aプロジェクト」のノートブック

Aプロジェクトの　Aプロジェクトの
PDF　　　　　　画像

「Bプロジェクト」のノートブック

Bプロジェクトの　Bプロジェクトの
画像　　　　　　PDF

ノートブックで上手に整理して、必要な情報を見つけやすくしましょう。

スキャンデータをノートブックで管理する

(1) 左サイドバーにある<ノートブック>を右クリックし、<ノートブックを作成>をクリックします。

❶右クリックする ❷クリックする

(2) ノートブックの名前を入力し、<OK>をクリックします。

❶入力する ❷クリックする

(3) ノートを作成したノートブックにドラッグ&ドロップします。

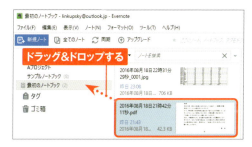

ドラッグ&ドロップする

(4) 作成したノートブックをクリックすると、ノートが移動したことがわかります。

クリックする / 移動している

Memo 強力なEvernoteの検索機能

Evernoteの検索機能は、ノート上の文字列だけでなく、ノートに追加したファイル内の文字、画像に映り込んでいる文字も検索の対象になります。目的の情報を絞り込むのに非常に便利です。

タグで管理する

タグとは各ノートにカテゴリを付けて、分類しやすくするためのものです。タグには、1つのファイルに対して複数のタグが付けられるという特徴があります。たとえばScanSnap Cloudのスキャンデータに対して、「PDF」「仕事」「企画書」「C社」など多数のタグを付けておくことで、PDFのデータのみ、もしくは企画書のデータのみを抽出して閲覧したいというときに非常に役に立ちます。

スキャンデータをタグで管理する

(1) タグを付けたいノートを一覧からクリックして選択し、メニューバーの<ノート>→<タグ>をクリックします。

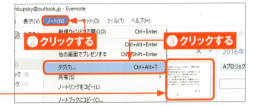

(2) 「タグの割り当て」画面が表示されます。「新規タグを追加」に追加したいタグ名を入力し、<追加>→<OK>の順にクリックするとタグが作成され、ノートにタグ付けされます。

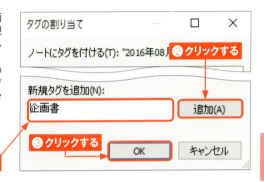

(3) ノートの閲覧エリアの上に名付けたタグが表示されます。左サイドバーの<タグ>に新規作成したタグ名が表示されます。同じタグを付けたノートは、ここに集約されます。

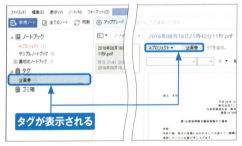

Memo ノートブックやタグを強調表示する

左サイドバーにあるノートブックやタグを右クリックして表示される「スタイル」画面では、名称表示に色付けすることができます。重要なノートブックやタグを強調表示したい場合に便利です。

第2章 文書をスキャンして整理する

Section 35 スマートフォン版Evernoteをインストールする

メモアプリであるEvernoteは、持ち歩けるモバイルデバイスでこそその本領を発揮するともいえます。Evernoteを使うなら、ぜひともiPhoneやAndroidにインストールして使いこなしましょう。

Evernoteをインストールする

●iPhone / iPadの場合

(1) P.50を参考にApp Storeで「Evernote」を検索し、インストールします。

(2) インストールが完了したらホーム画面で＜Evernote＞をタップし、アプリを起動します。画面を左へ2回スライドし、＜今すぐ開始＞をタップします。

(3) 画面下の＜またはサインイン＞をタップします。

(4) メールアドレスとパスワードを入力し、＜サインイン＞をタップします。

(5) ＜OK＞→通知の確認をタップすると、Evernoteにログインし、ノート一覧画面が表示されます。

●Androidの場合

(1) P.51を参考にPlayストアで「Evernote」を検索し、インストールします。

(2) インストールが完了したらアプリ画面で＜Evernote＞をタップし、アプリを起動します。画面を上へスライドし、＜サインイン＞をタップします。

(3) メールアドレスとパスワードを入力し、＜サインイン＞をタップします。

(4) Evernoteにログインし、ノート一覧画面が表示されます。

第2章 文書をスキャンして整理する

Section 36

iPhone版Evernoteでスキャンデータを閲覧する

ScanSnap Cloudの保存先をEvernoteに設定してスキャンし、iPhoneの＜Evernote＞アプリからスキャンデータを閲覧しましょう。また、スキャンデータにタグを付けると、検索で見つけやすくなります。

スキャンデータを閲覧する

1 ホーム画面で＜Evernote＞をタップしてアプリを起動します。＜ノート＞をタップします。

2 閲覧したいスキャンデータをタップします。

3 アイコン部分をタップします。

4 ファイルが表示されます。ピンチイン／ピンチアウトをすると、ファイルを拡大／縮小して閲覧できます。

スキャンデータにタグを付ける

1 P.102手順③の画面で、ⓘをタップします。

2 <タグの追加>をタップします。

3 作成したいタグを入力し、<改行>（または<return>）をタップします。

4 複数のタグを付けたい場合は、再度<タグの追加>をタップして、手順③の作業を行います。

5 <閉じる>をタップすると、タグが付きます。

第2章 文書をスキャンして整理する

Section 37

Android版Evernoteで スキャンデータを閲覧する

ScanSnap Cloudの保存先をEvernoteに設定してスキャンすると、iPhone同様、Androidの＜Evernote＞アプリからもスキャンデータの閲覧ができます。また、スキャンファイルへのタグ付けもAndroidから行うことができます。

スキャンデータを閲覧する

(1) ホーム画面またはアプリ画面で＜Evernote＞をタップしてアプリを起動します。閲覧したいスキャンデータをタップします。

(2) アイコン部分をタップします。

(3) ＜今回のみ＞をタップします。

(4) ファイルが表示されます。ピンチイン／ピンチアウトをすると、ファイルを拡大／縮小して閲覧できます。

スキャンデータにタグを付ける

1 P.104手順②の画面で、🔖をタップします。

2 作成したいタグを入力し、<次へ>をタップします。

3 複数のタグを付けたい場合は、再度手順②の作業を行います。

4 <OK>をタップします。

5 ✓をタップします。

6 ←をタップします。

第2章 文書をスキャンして整理する

Section 38 Google Driveとは

Google Driveとは、Web検索やWebメールのGmailなどを提供するGoogleによるオンラインストレージサービスです。1ユーザーあたり無料で15GBの容量を、自由に利用することができます。

Google Driveのしくみ

「Google Drive」（https://www.google.com/intl/ja/drive/）はGoogleアカウントがあれば利用できる無料のオンラインストレージサービスです。WebブラウザやiPhone、スマートフォンの専用アプリを通してデータのやり取りができるので、どのデバイスからでもデータにアクセスして閲覧、ダウンロードが行えます。

パソコン

スマートフォン

タブレット

会社や外部のパソコン

 Google Drive

- Excel、Wordなどのデータファイル
- 画像や動画ファイル
- 音声ファイル

などあらゆる形式のファイルを保存可能

Webブラウザ上でそのまま閲覧できるのが特徴

Gmailのデータ

Googleドキュメントのデータ

Gmail、GoogleドキュメントなどGoogleのサービスで利用するデータはすべてGoogle Driveのストレージに保存されます。

Webブラウザでデータが閲覧できる

Google Driveにはあらゆる形式のファイルが保存できます。ExcelやWord、PowerPointなどのビジネス系のOfficeファイルから音声、画像、動画ファイルまで、多くの種類のファイルをダウンロードすることなく、Webブラウザ上でそのまま閲覧できるのもGoogle Driveの特徴の1つです。

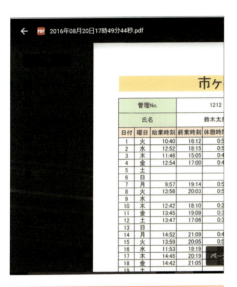

パソコンのWebブラウザからGoogle Driveにアクセスできます。Webブラウザではスキャンデータのほか、あらゆるデータが閲覧できます。

スマートフォンのアプリからはスキャンデータなどのファイルを、手軽に出先でも閲覧可能です。

Memo Googleドキュメントとの連携でファイル作成が可能

ExcelやWordなどのOfficeファイルは、Googleドキュメントの機能を利用してWeb上で編集することができます。作成済みのファイルをWeb上で編集したり、ファイルを新規作成したりすることも可能です。

第2章 文書をスキャンして整理する

Section 39 Googleアカウントを作成する

Google Driveを利用するには、Googleアカウントの作成が必要です。Googleアカウントを作成すると、Google Driveのほか、GmailやGoogleフォト（第5章参照）などのGoogleサービスも利用できます。

Googleアカウントを作成する

(1) Webブラウザを起動し、アドレスバーに「https://www.google.com/intl/ja_jp/drive/」と入力して、Enterキーを押します。＜Googleドライブにアクセス＞をクリックします。

クリックする

(2) ＜アカウントを作成＞をクリックします。

クリックする

(3) アカウント作成画面で名前、利用したいアカウント名、パスワード、生年月日、性別、電話番号、使用中のメールアドレスなど入力し、＜次のステップ＞をクリックします。

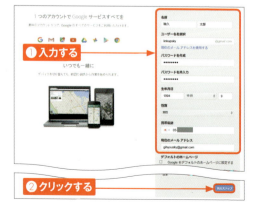

❶入力する
❷クリックする

108

④ 表示内容を確認して、＜同意する＞をクリックします。

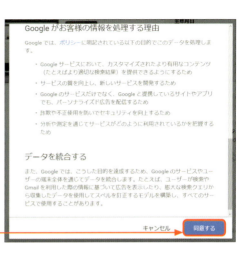

クリックする

⑤ アカウントの確認を行うため、携帯電話のキャリアメールを入力し、＜次へ＞をクリックします。

①入力する　**②クリックする**

⑥ 手順④で入力したメールアドレス宛に送信されたメールに記載されているコードを入力し、＜次へ＞をクリックします。

①入力する　**②クリックする**

⑦ アカウントの作成が完了し、「ようこそ ○○さん」と表示されます。

第2章 文書をスキャンして整理する

Section 40

Google Drive に保存された スキャンデータを閲覧する

ScanSnap CloudでGoogle Driveとの連携を設定しておけば、スキャンデータは自動的にGoogle Driveに保存されます。Google DriveはWebブラウザからアクセスでき、Web上でスキャンデータの閲覧が行えます。

Google Driveでスキャンデータを閲覧する

(1) Sec.17を参考に、ScanSnap Cloudのスキャンデータの保存先をGoogle Driveに設定しておきます。

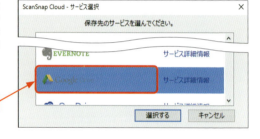

クリックする

(2) Google Driveの中に<ScanSnap>というフォルダが作成されます。スキャンデータを確認するには、<Scan Snap>をダブルクリックします。

ダブルクリックする

(3) スキャンしたデータが保存されています。クリックして選択し、右上のプレビューアイコンをクリックします。

❶ クリックする
❷ クリックする

(4) スキャンデータが全画面表示で閲覧できます。

スキャンデータのファイル名を変更する

(1) 上の手順④の画面で、■をクリックし、＜名前を変更＞をクリックします。

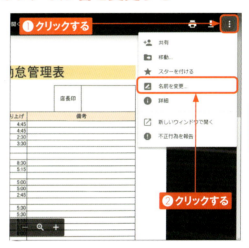

(2) 任意の名前を入力して、＜OK＞をクリックします。

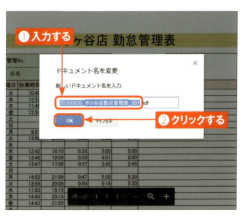

第2章 文書をスキャンして整理する

Section 41 Google Drive にファイルを保存する

WebブラウザからGoogle Driveにファイルを保存することができます。アップロードしたファイルは、パソコン以外でもiPhoneやAndroidなどのスマートフォン、タブレットからでも閲覧ができます。

Google Driveにファイルを保存する

(1) WebブラウザでGoogle Drive（https://www.google.com/intl/ja_jp/drive/）を表示し、＜新規＞をクリックします。

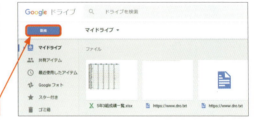

クリックする

(2) ＜ファイルのアップロード＞をクリックします。

クリックする

(3) 「開く」画面が表示されます。保存したいファイルを指定し、＜開く＞をクリックします。

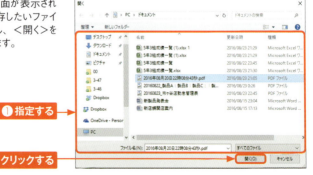

❶指定する
❷クリックする

(4) ファイルの保存が開始します。

(5) ファイルの保存が完了すると、「○個のアップロード完了」と表示されます。✕をクリックします。

(6) 保存されたファイルをダブルクリックします。

(7) ファイルの内容が確認できます。

Section 42 スマートフォン版 Google Drive をインストールする

Google DriveはiPhoneやAndroidに専用アプリがあります。インストールしておけば、パソコンからGoogle Driveに追加したスキャンデータがいつでもスマートフォンやタブレットから閲覧することができます。

Google Driveをインストールする

●iPhone / iPadの場合

① P.50を参考にApp Storeで「Google Drive」を検索し、インストールします。

② インストールが完了したらホーム画面で<ドライブ>をタップし、アプリを起動します。初回起動の時は左下の<ログイン>をタップします。

③ Googleアカウントを入力し、<次へ>をタップします。

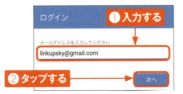

④ パスワードを入力して、<次へ>をタップします。

⑤ 初回ログイン時は「写真や動画のバックアップ」画面が表示されるので、<オンにしない>または<オン>をタップします。

⑥ Google Driveの画面が表示されます。

●Androidの場合

(1) P.51を参考にPlayストアで「Google Drive」を検索し、インストールします（あらかじめインストール済みの場合もあります）。

(2) インストールが完了したらアプリ画面で＜ドライブ＞をタップし、アプリを起動します。端末にGoogleアカウントを登録していない場合は、＜スキップ＞をタップします。登録している場合は手順⑥の画面が表示されます。

(3) Googleアカウントを入力し、＜次へ＞をタップします。

(4) パスワードを入力して、＜次へ＞→＜同意する＞をタップします。

(5) 「Googleサービス」画面が表示されたら、＜次へ＞をタップします。

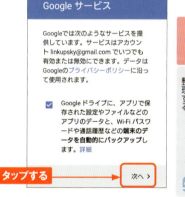

(6) Google Driveの画面が表示されます。

第2章 文書をスキャンして整理する

Section 43 スマートフォン版 Google Driveでスキャンデータを閲覧する

ScanSnap CloudとGoogle Driveを連携しておくと、スキャンデータが自動的にGoogle Driveに保存されます。Google Driveのスマートフォンアプリは、保存されているファイルを出先で閲覧するのに非常に便利です。

スキャンデータを閲覧する

●iPhone／iPadの場合

(1) ホーム画面で＜ドライブ＞をタップしてアプリを起動します。＜ScanSnap＞をタップします。

(2) 閲覧したいファイルをタップします。

(3) ファイルが表示されます。

(4) ピンチイン／ピンチアウトをすると、ファイルを拡大／縮小して閲覧ができます。

●Androidの場合

(1) ホーム画面またはアプリ画面で＜Google Drive＞をタップしてアプリを起動します。＜ScanSnap＞をタップします。

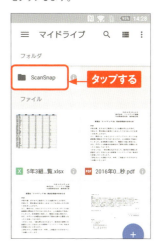

(2) 閲覧したいファイルをタップします。

(3) ファイルが表示されます。

(4) ピンチイン／ピンチアウトをすると、ファイルを拡大／縮小して閲覧ができます。

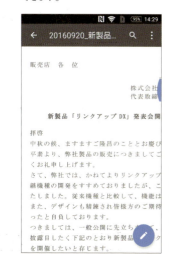

第2章 文書をスキャンして整理する

Section 44 スマートフォンのファイルを Google Drive に保存する

スマートフォン内にあるファイルや、ほかのクラウドサービスのファイルをGoogle Driveに保存することができます。ここではAndroidの手順を紹介していますが、iPhone版もほぼ同じ手順で保存が可能です。

スマートフォンのファイルを保存する（Android）

① P.117手順①を参考にAndroidでアプリを起動し、＋をタップします。

② ＜アップロード＞をタップします。

③ ≡をタップして保存先をタップし（ここでは＜内部ストレージ＞→＜Documents＞）、保存したいファイルをタップすると、保存が行われます。

Memo iPhoneの場合

iPhoneの場合は、写真の保存が可能です。手順①～②のあと、＜写真と動画＞をタップして場所を指定し、写真を選択すると保存が行われます。

第2章 文書をスキャンして整理する

Section
45

スマートフォンに Google Drive のファイルを保存する

Google Drive内に保存されているファイルは、iPhone／iPadおよびAndrooidに
ダウンロードすることができます。それぞれGoogle Driveのアプリから、ダウンロード
したファイルを閲覧することが可能です。

ファイルをオフライン保存する（Android）

① P.117手順③の画面で、 をタップします。

② 「オフラインで使用可」の をタップして、 にします。

③ オフライン保存されたファイルは、P.118手順①の ≡ →＜端末内＞をタップすることでファイルが表示されます。

Memo iPhoneの場合

iPhoneの場合は手順①の画面で をタップし、「オフラインで使用可」の をタップすると、オフライン保存ができます。Android同様、≡→＜端末内＞をタップすることで、ファイルが表示されます。

第2章 文書をスキャンして整理する

Section 46 OneDriveとは

OneDriveは、Microsoftが提供するクラウドサービスです。Windows 10のパソコンにはOneDriveがインストール済みなので、すぐに利用ができます。また、iPhoneやAndroidにも専用アプリがあるので、モバイルでの利用も可能です。

OneDriveのしくみ

Microsoftは以前からWindows LiveなどWebメール機能やオンラインストレージ機能をもったサービスを提供してきましたが、「OneDrive」（https://onedrive.live.com/about/ja-jp/）はその最新版になります。OneDriveはOSの機能として統合されているため、オンラインストレージと意識することなく使うことができます。その使い勝手はDropboxに近く、Webブラウザ上でWord、Excel、PowerPoint などが閲覧・編集可能な点はGoogle Driveに近いといえます。DropboxやGoogle Driveと同様、同一アカウントでログインすれば、複数のパソコンで利用が可能で、iPhoneやAndroidにも専用アプリがあります。

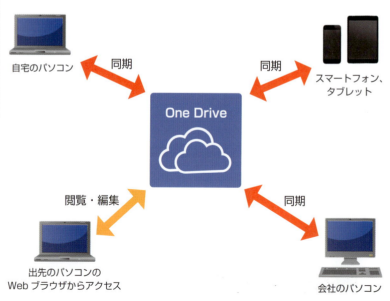

OneDriveで利用できる容量

OneDriveの無料プランでは、5GBのデータ保存容量が利用できます。もっと多くの容量を使いたいユーザーのために、1か月170円で50GBのオンラインストレージを使うことも可能です。このほか1TBの容量を1カ月1,274円で使えるなど、非常に安価で大きなストレージスペースが利用できます。

無料	5GB（1か月）
170円／1か月	50GB
1,274円／1か月	1TB

Web上でファイル編集できる

Google Drive（Sec.38参照）にはGoogle ドキュメントという、Web上でビジネス系ファイルを編集できる連携サービスがありますが、OneDriveも同じです。Office Onlineという、Word、Excel、Power PointなどOffice系ファイルがWeb上で編集できるサービスと連携しており、オンライン上で編集できるだけでなく、複数人で同時にファイルにアクセスし、同時に共同作業することも可能です。

Webブラウザ上でOfficeファイルの編集ができます。

Memo アカウント作成で利用できる機能

OneDriveを利用するには、Microsoftアカウントを作成する必要があります（作成方法はSec.47参照）。Microsoftアカウントがあれば、SkypeやOutlook.comなど、Microsoftが提供するさまざまなサービスの利用ができます。

Section 47 Microsoft アカウントを作成する

OneDriveを利用するには、Microsoftアカウントの作成が必要です。パソコンのセットアップ時にアカウントを作成している場合もあるので、その場合はアカウントを作成する必要はありません。

Microsoftアカウントを作成する

1. Webブラウザで「http://www.microsoft.com/ja-jp/msaccount/signup/hotmail.aspx」を開き、＜Microsoftアカウントの新規作成＞をクリックします。

2. 「アカウントの作成」画面が表示されます。「姓」と「名」を入力し、＜新しいメールアドレスを取得＞をクリックします。

Memo　Microsoftアカウントの保有の可能性について

OneDriveの使用には、Microsoftアカウントが必要です。Windowsユーザーの場合、パソコンがWindows 8以降のユーザーは、パソコンのセットアップ時にアカウント作成の手順があるので、アカウントを所有しているかどうか確認しておきましょう。また、過去にWindows LiveなどOneDriveの前身のサービスを利用していた場合、Microsoftアカウントとして利用可能なので、そのアカウントでログインしてみましょう。

③ 任意のユーザー名やパスワードなど必要項目を入力し、＜アカウントの作成＞をクリックします。

④ アカウントが作成されます。

Memo OneDriveにログインする

Microsoftアカウントを作成したら、OneDriveにログインしましょう。ステータスバーの ☁ をクリックすると（表示されていない場合は、∧ をクリックすると表示されます）、「OneDriveの設定」画面が表示されるので、手順③で入力したユーザー名を入力し、＜サインイン＞をクリックすると、設定を進めることができます。

Section 48

OneDrive に保存された スキャンデータを閲覧する

ScanSnap CloudにOneDriveとの連携を設定しておけば、ScanSnapでスキャンしたデータは自動的にOneDriveに保存されます。ここでは、エクスプローラーでの閲覧方法と、付属ソフト「ScanSnap Organizer」での閲覧方法を紹介します。

エクスプローラーから閲覧する

(1) タスクバーの☁をクリックし、＜OneDrive-個人用フォルダーを開く＞をクリックします。

(2) ＜ScanSnap＞をダブルクリックします。

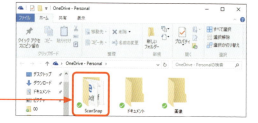

(3) 閲覧したいスキャンしたファイルをダブルクリックします。

(4) パソコンで指定されているPDFを閲覧するソフトが起動し、閲覧ができます。

ScanSnap Organizerから閲覧する

(1) P.16を参考に「ScanSnap Organizer」を開きます。＜フォルダの割り当て＞をクリックし、OneDriveにあるScanSnapでスキャンしたファイルが保存されているフォルダ（ここでは＜ScanSnap＞）をクリックして、＜OK＞をクリックします。

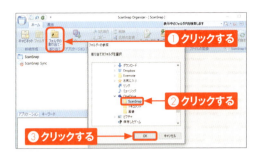

(2) OneDriveにあるScanSnapでスキャンしたファイルが保存されているフォルダ（ここでは＜ScanSnap＞）が割り当てられるので、クリックします。

(3) ファイルのサムネイルをダブルクリックします。

(4) ファイルが表示されます。P.17を参考に、表示を拡大して閲覧ができます。

第2章　文書をスキャンして整理する

Section 49 OneDriveにファイルを保存する

OneDriveはWindowsと統合しているため、通常のフォルダと同様にファイルをドラッグ&ドロップするだけで、インターネット上のOneDriveのサーバーに保存することができます。

OneDriveにファイルを保存する

1. タスクバーの■をクリックし、＜OneDrive-個人用フォルダーを開く＞をクリックします。

2. 「OneDrive」フォルダが開きます。

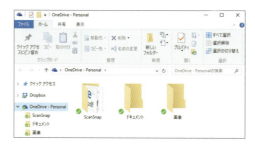

3. 任意のファイルを「OneDrive」フォルダにドラッグ&ドロップします。

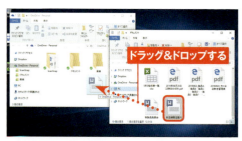

(4) OneDriveにファイルが保存されました。

追加された

OneDriveのファイルを削除する

(1) 「OneDrive」フォルダ内の削除したいファイルを右クリックし、<削除>をクリックします。

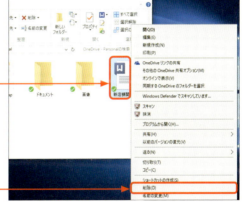

❶右クリックする

❷クリックする

(2) ファイルが削除されます。

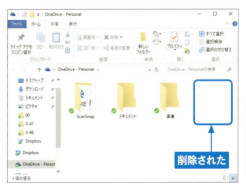

削除された

第2章　文書をスキャンして整理する

Section 50 スマートフォン版OneDriveをインストールする

OneDriveには、iPhone版とAndroidスマートフォン版のアプリがリリースされています。どちらもアプリをインストールしてMicrosoftアカウントとパスワードを入力するだけで使い始めることができます。

OneDriveをインストールする

●iPhone／iPadの場合

(1) P.50を参考にApp Storeで「OneDrive」を検索し、インストールします。

タップしてインストールする

(2) インストールが完了したらホーム画面で＜OneDrive＞をタップし、＜メールまたは電話番号＞をタップしてMicrosoftアカウントを入力し、＜Go＞をタップします。

❶入力する
❷タップする

(3) Microsoftアカウントのパスワードを入力し、＜サインイン＞をタップします。

❶入力する
❷タップする

(4) 初回ログイン時は「ファイル変更の把握」画面が表示されるので、ここでは＜OK＞をタップします。そのあと、通知の確認画面が表示されたら、＜許可しない＞または＜OK＞をタップします。

タップする

(5) OneDriveにログインし、ファイル一覧画面が表示されます。

●Androidの場合

(1) P.51を参考にPlayストアで「OneDrive」を検索し、インストールします。

(2) インストールが完了したらアプリ画面で＜OneDrive＞をタップし、＜サインイン＞をタップします。

(3) Microsoftアカウントのメールアドレスとパスワードを入力して、＜実行＞をタップします。

(4) 初回ログイン時はスマートフォンで撮影した画像の自動アップロードを選択する画面が表示されます。ここでは、＜今はしない＞をタップします。

(5) OneDriveにログインし、ファイル一覧画面が表示されます。

第2章 文書をスキャンして整理する

Section 51

スマートフォン版 OneDrive でスキャンデータを閲覧する

OneDriveのスマートフォンアプリは、保存されているファイルを出先で閲覧するのに非常に便利です。OneDriveからスマートフォンにファイルをダウンロードできるほか、メールアプリから送付するメールにOneDrive上のファイルを添付することも可能です。

iPhoneでスキャンデータを閲覧する

① ホーム画面で＜OneDrive＞をタップしてアプリを起動します。＜ScanSnap＞をタップします。

② 閲覧したいファイルをタップします。

③ ファイルが表示されます。

④ ピンチイン／ピンチアウトをすると、ファイルを拡大／縮小して閲覧ができます。

Androidでスキャンデータを閲覧する

(1) ホーム画面またはアプリ画面で＜OneDrive＞をタップしてアプリを起動します。＜ScanSnap＞をタップします。

(2) 閲覧したいファイルをタップします。

(3) ファイルが表示されます。

(4) ピンチイン／ピンチアウトをすると、ファイルを拡大／縮小して閲覧ができます。

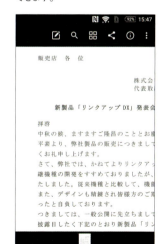

第2章 文書をスキャンして整理する

Section 52 スマートフォンのファイルを OneDrive に保存する

スマートフォン内にあるファイルや、ほかのクラウドサービスのファイルをOneDriveに保存することができます。ここではAndroidの手順を紹介していますが、iPhone版もほぼ同じ手順で保存が可能です。

スマートフォンのファイルを保存する（Android）

① P.131手順①を参考にアプリを起動し、+をタップします。

② ＜アップロード＞をタップします。

③ ■をタップして保存先をタップし（ここでは＜内部ストレージ＞→＜Documents＞）、保存したいファイルをタップすると、保存が行われます。

Memo iPhoneの場合

iPhoneの場合、写真を保存することができます。手順①の画面で+をタップし、＜既存フォルダーから選択＞→フォルダ→保存したい写真のサムネイルの順にタップすると、保存ができます。

Section 53 スマートフォンにOneDriveのファイルを保存する

OneDrive内に保存されているファイルは、iPhone／iPadおよびAndroidにダウンロードすることができます。それぞれOneDriveのアプリから、ダウンロードしたファイルを閲覧することが可能です。

ファイルをオフライン保存する（Android）

① P.131手順③の画面で、ⓘをタップします。

② 「オフラインを維持」の ◯ をタップします。

③ オフライン保存されたファイルは、P.132手順①の≡→＜オフライン＞をタップすることでもファイルが表示されます。

Memo iPhoneの場合

iPhoneの場合は手順①の画面で ⋮ →＜オフラインで利用可能にします＞の順にタップすると、オフライン保存ができます。トップ画面で＜自分＞→＜オフラインファイル＞の順にタップすることでも、ファイルが表示されます。

Memo スキャンデータをBoxに保存する

オンラインストレージサービス「Box」(https://www.box.com/ja-jp/home) も、ScanSnap Cloudと連携することができます。高セキュリティを謳うBoxは、ファイルをデバイスにダウンロードすることなくプレビュー機能で中身の確認ができたり、ドキュメント内の全文検索ができたりと、ビジネスに強いクラウドサービスとして人気です。無料の「Personal」プランは10GBのデータ保存容量が利用できます。

月額1,200円の有料プラン「Personal Pro」は、利用できるストレージが100GBと増加するので、大容量のファイルを取り扱う人はおすすめです。

ScanSnap Cloudと連携してスキャンを行うと、Box内に自動作成された「ScanSnap」フォルダにスキャンデータが保存されます。BoxのWebサイトや、iPhone、Androidスマートフォンの<Box>アプリから確認・閲覧が可能です。

パソコン上でDropboxと同じように使用できる専用ソフト「Box Sync」もあります。

第3章

名刺をスキャンして整理する

Eightとは

Eightは、Sansanが提供するクラウド名刺管理サービスです。ScanSnapでスキャンした名刺がEightに送信されると、オペレーターが手入力でデータ化します。名刺データはラベルで管理できるほか、個別にメモを記すことも可能です。

Eightとは?

「Eight」(https://8card.net/) はScanSnapでスキャン、またはスマートフォンで撮影した名刺データをクラウドで管理できるサービスです。ユーザーが送信した名刺データをEightのオペレーターが手入力でデータ化するので、コンピュータが文字を読み取るのとは異なり、誤りが少ないのが大きな特徴です。入力された情報をもとに、すばやく電話やメール送信などもできます。また、自分が保存している名刺データとほかのユーザーデータが照合され、知り合いであると判断されると、「つながり」としてメッセージのやり取りができるようになるなど、SNSのような要素もあります。もともとはスマートフォンのアプリサービスでしたが、現在はパソコンからも利用ができ、利便性はますます高まっています。

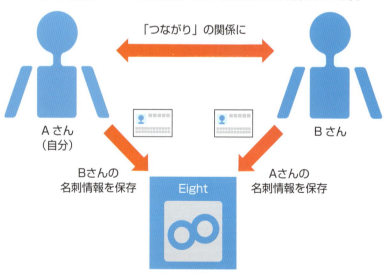

Eightは、つながりを持つことができる名刺管理サービスです。知り合いとつながると、メッセージの送受信などができるようになります。

オペレーターがデータを手入力する

送信した名刺データは、Eight側のオペレーターが画像を目視で確認し、手入力で名前や会社名、住所、メールアドレス、電話番号などの一部を入力します。コンピュータが自動で文字を読み取るのと異なり、データの誤りが軽減されます。なお、名刺データの送信後、データ入力がされる時間は、混雑状況により異なります（Eightプレミアムへ加入していると優先的に対応されます）。

手入力されるので、精度の高いデータになります。

「つながり」を重視したソーシャル要素もある

Eightの大きな特徴として、「つながり」サービスがあります。お互いに知り合いだとEightに判断された場合は「つながり」の関係となり、メッセージの送受信や「つながり」にならないと見ることができないユーザー情報などが見られるようになります。「つながり」の関係は第三者には見ることはできません。なお、つながる条件についてはSec.59で解説しています。

「つながり」がビジネスの場を広げます。

Memo 名刺情報をさらに活用できる「Eightプレミアム」

Eightプレミアムでは、データ入力が無料ユーザーの3分の1の速さで優先的に行われるほか、すべての項目が入力されるようになります。また、登録した名刺データを何度もダウンロードできるようになり、自分用顧客データの作成や万が一のバックアップなどに対応できます。なお申し込みは、スマートフォンアプリから行います。

	月額	年額
iPhone版	480円	4,800円
Android版	400円	4,000円

第3章 名刺をスキャンして整理する

Section 55 Eightのアカウントを作成する

Eightを利用するには、始めにアカウントの作成が必要です。パソコンでメールアドレスとパスワードを設定し、スマートフォンで自分の名刺の登録を行います。メールアドレス認証後は再びパソコンで顔写真などを設定しましょう。

Eightのアカウントを作成する

(1) Webブラウザを起動し、アドレスバーに「https://8card.net/」を入力して Enter キーを押します。＜無料で登録＞をクリックします。

(2) メールアドレスと利用したいパスワードを入力し、＜無料でアカウント登録する＞をクリックします。画面が変わるので＜次へ＞を2回クリックします。

(3) 「プロフィール名刺の登録」画面が表示されます。ここでは、「撮影して登録」の下の＜撮影する＞をクリックします。

138

④ 「Eightのダウンロード」画面が表示されます。ここからは、スマートフォンを利用します（ここではiPhoneで解説）。スマートフォンがないとEightは利用できません。

5 自分の名刺を登録する

① ここからは、手順⑧までスマートフォンでの作業になります。Sec.60を参考に、＜Eight＞アプリをインストールし、ホーム画面でタップして起動します。＜ログイン＞をタップします。

② P.138手順②で入力したメールアドレスとパスワードを入力し、＜ログイン＞をタップします。

③ ＜自分の名刺を撮影する＞をタップします。

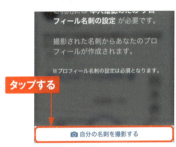

④ スマートフォンのカメラで自分の名刺を映し、○をタップします。

⑤ 撮影した名刺を使い始めた年月を登録します。＜利用開始月＞をタップします。

タップする

⑥ 名刺を使い始めた年月を設定し、＜完了＞をタップします。

❶設定する　❷タップする

⑦ ＜登録＞をタップします。

タップする

⑧ 登録したメールアドレス宛に認証メールが送信されます。

⑨ 送信されたメールに記載されている＜認証する＞をクリックします。

クリックする

⑩ 「プロフィール名刺の認証が完了しました。」と表示されます。＜次へ＞をクリックします。

⑪ Facebookとの連携画面が表示されます。ここでは＜スキップ＞をクリックします。

⑫ 顔登録を行う画面が表示されます。＜写真を追加＞をクリックして登録を行い、＜保存して次へ＞をクリックします。画面が仕事内容の入力画面に切り替わるので、画面に従って登録を行います。

⑬ ＜次へ＞をクリックし、画面が変わったら＜次へ＞をクリックすると、登録が完了します。

第3章 名刺をスキャンして整理する

Section
56 名刺をスキャンする

ScanSnap Cloudで名刺をスキャンしたときの設定をEightにしておくと、ScanSnapでスキャンを行うと、自動的にEightへと保存されます。保存されたデータはEightのオペレーターが手入力し、しばらくすると反映されるようになります。

名刺をスキャンする

(1) ScanSnapに名刺をセットします。

(2) ＜Scan / Stop＞ボタンを押して、名刺をスキャンします。

(3) P.138を参考にEightのサイトを表示します。「データ入力待ち」にスキャンした数が表示さています。＜あなたのネットワーク＞をクリックします。

クリックする

④ 「データ入力中です。」と表示されます。

⑤ しばらくすると、Eightのオペレーターによる入力が完了し、「データ入力待ち」が「0」の表示に変わります。＜あなたのネットワーク＞をクリックします。

⑥ 名刺の名前と会社名が表示されます。

Memo 名刺のスキャン枚数が多い場合

名刺データの入力時間は、混雑状況などにより変動があります。スキャン枚数が多いと、1週間以上かかることもあります。

第3章 名刺をスキャンして整理する

Section 57 名刺を閲覧する

ScanSnap Cloudでスキャンして保存された名刺のデータを、表示させて閲覧しましょう。データは編集することができ、部署や役職、直通電話番号などを登録・変更することができます。

Eightで名刺を閲覧する

1. P.138を参考にEightのサイトを表示し、＜あなたのネットワーク＞をクリックします。

クリックする

2. 名刺データを見たい人をクリックします。

クリックする

3. 相手の情報が確認できる画面が表示されます。名刺部分をクリックすると、拡大表示されます。✐をクリックします。

クリックする

④ 各種情報の入力、変更が行えます。必要に応じて情報を編集して、＜保存＞をクリックします。

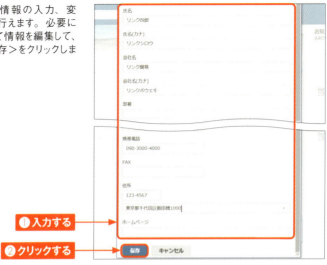

❶ 入力する
❷ クリックする

⑤ 情報が変更され、保存されます。＜もっと見る＞をクリックすると、表示されていない情報が確認できます。

変更される
クリックする

Memo つながっているユーザーの表示画面

手順③で表示されている画面は、相手はEightを利用していない人、または自分とつながっていない人の画面になります。つながりについては、Sec.59で解説します。

「つながり」があると、ユーザー画面の表示が異なります。

第3章 名刺をスキャンして整理する

Section 58

名刺を整理する

Eightに登録した名刺は、ラベルで整理することができます。ラベルはフォルダのように属性ごとに管理が可能です。また、各名刺に「メモ」を記して項目情報以外の情報が付加できるほか、名前、会社名、交換月順に並べ替えることもできます。

ラベルで名刺を整理する

① ＜ラベルを作成＞をクリックします。

クリックする

② 「新しいラベルの作成」画面が表示されるので、ラベル名を入力し、＜作成する＞をクリックします。

❶ 入力する
❷ クリックする

③ ラベルが作成されます。＜あなたのネットワーク＞をクリックし、作成したラベルに登録したい人の□をクリックしてチェックを付けます。

❶ クリックする
❷ クリックする
作成される

146

(4) <ラベル>をクリックします。

(5) 登録したいラベル名をクリックすると、チェックを付けた人がラベルに登録されます。

(6) サイドメニューのラベルをクリックすると、登録した人が表示されます。

Memo そのほかの整理について

P.145手順⑤の画面で、<メモ>をクリックすると、名刺情報にメモを付加することができます。メモの内容は、自分以外は見ることができません。また、P.146手順③などの画面で<交換月順>をクリックすると、名前順、会社名順に並べ替えて表示することができます。

Section 59 知り合いとつながる

Eightでは、お互いが名刺を登録しているなど、知り合いと判断されると「つながり」の関係となります。つながると名刺の更新時の通知や、メッセージのやり取りなどができるようになります。

「つながり」とは

Eightに知り合いである判断されると、自動的につながります。知り合いであるかどうかは、主に「メールアドレス」と「Facebook登録」の2つを基準に判断されます。

●メールアドレス

・お互いがそれぞれ登録しているメールアドレスが記載された名刺を保存している場合

●Facebook登録

・お互いがEightとFacebookを連携し、Facebook上で友だちのつながりがある場合

このほかに「Eightに招待した相手が登録した場合」、「保存した名刺と同じ名刺を、プロフィール名刺として登録していた場合」も、知り合いとしてつながります。
なお、一方が相手を知っている場合などは「名刺交換リクエスト」が送信され、承認されるとつながります。

「つながり」を確認する

① ユーザーとつながりができた場合、＜お知らせ＞をクリックすると、つながりを知らせる内容が表示されるので、クリックします。

② 「つながっている人」内が表示されます。名前をクリックします。

③ つながった知り合いのページが表示されます。

Memo つながるとできること

知り合いとつながることで、プロフィール名刺が更新されると通知され、自分が保存しているその知り合いの名刺も更新されます。また、メッセージのやりとりが行えるほか、「キャリアサマリ」や「職歴」の項目を閲覧できるようになります。なお、知り合いとつながった情報は、第三者に知られることはありません。

第3章 名刺をスキャンして整理する

Section 60

スマートフォン版Eightをインストールする

Eightはパソコンのネブラウザで管理を行いますが、スマートフォン版のアプリもあり、同様に管理をすることができます。出先などで名刺の確認ができ、便利に利用することができます。

Eightをインストールする

●iPhone／iPadの場合

1. ホーム画面で＜App Store＞→＜検索＞をクリックし、検索欄に「Eight」と入力して＜検索＞（または＜Search＞）をクリックします。＜Eight＞アプリの＜入手＞をタップします。

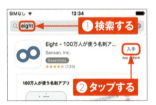

2. ＜インストール＞をタップします。

3. Apple IDのパスワードの入力画面が表示されたら入力し、＜OK＞をタップします。

4. インストールが完了すると、ホーム画面に＜Eight＞アプリのアイコンが表示されます。

● Androidの場合

(1) 検索欄に「Eight」と入力して🔍をクリックします。表示された＜Eight＞アプリのアイコンをタップします。

(2) ＜インストール＞をタップします。

(3) インストールが開始されます。

(4) インストールが完了すると、ホーム画面（またはアプリ画面）に＜Eight＞アプリのアイコンが表示されます。

第3章 名刺をスキャンして整理する

Section 61 スマートフォン版Eightで名刺を閲覧する

パソコン版と同様、スマートフォン版のEightでも保存した名刺のデータを閲覧することができます。データの各項目を編集することができ、スキャンした名刺を拡大して見ることもできます。

名刺を閲覧する

●iPhone／iPadの場合

① ホーム画面で＜Eight＞をタップしてアプリを起動し、＜あなたのネットワーク＞をタップします。

② 名刺データを見たい人をタップします。

③ 相手の情報が確認できる画面が表示されます。名刺部分をタップすると、拡大表示されます。

④ ＜…＞→＜この名刺を編集する＞をタップすると、各種情報の入力、変更が行えます。情報を編集して、＜完了＞をタップすると、変更が保存されます。

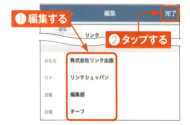

●Androidの場合

① ホーム画面またはアプリ画面で＜Eight＞をタップしてアプリを起動し、＜あなたのネットワーク＞をタップします。

② 名刺データを見たい人をタップします。

③ 相手の情報が確認できる画面が表示されます。名刺部分をタップすると、拡大表示されます。 …をタップします。

④ ＜この名刺を編集する＞をタップします。

⑤ 各種情報の入力、変更が行えます。情報を編集して、✓をタップすると、変更が保存されます。

Section 62 スマートフォン版 Eight で名刺を整理する

パソコン版と同様、スマートフォン版のEightでも保存した名刺のデータをラベルで整理できます。ラベルは作成や登録が可能です。また、「メモ」の作成や並べ替えもスマートフォンから行うことが可能です。

ラベルで名刺を整理する

●iPhone / iPadの場合

① P.152手順②の画面で∨をタップします。

② <ラベル管理>→<ラベルを作成する>をタップします。

③ 「新規ラベル作成」画面が表示されるので、ラベル名を入力し、<完了>をタップします。

④ ラベルが作成されます。作成したラベルをタップします。

⑤ <ラベルを設定する>をタップします。

⑥ ラベルに登録したい人の○をタップして、<完了>をタップします。

● Androidの場合

① P.153手順②で 🔲 をタップし、<ラベル作成>をタップします。

② 「ラベル作成」画面が表示されるので、ラベル名を入力し、<作成>をタップします。

③ ラベルが作成されます。作成したラベルをタップします。

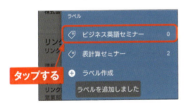

④ 🔲 をタップします。

⑤ 作成したラベルに登録したい人の □ をタップして、<完了>をタップします。

Memo そのほかの整理について

スマートフォン版でもメモの作成や並べ替えができます。iPhone版ではP.152手順③の画面で<メモ>→<メモを追加>の順にタップするとメモの追加ができ、P.152手順②の画面で 🔲 をタップすると並べ替えが可能です。また、Android版では、P.153手順③の画面で<メモ>→<メモを追加>の順にタップするとメモの追加ができ、P.153手順②の画面で 🔲 をタップすると、並べ替えが可能です。

Section 63 Evernoteで名刺を整理する

ScanSnap Cloudの名刺の保存先をEvernoteに設定すると、Evernoteでノートブックやタグなどで管理できる名刺帳が作成できます。業種別のノートブックを作成し、詳細情報をタグ付けするなどして探しやすくしましょう。

ノートブックで名刺を整理する

(1) P.94を参考にEvernoteを起動します。ScanSnap Cloudと連携させると（Sec.17参照）、「Cards」のノートブックが作成されます。左サイドバーにある＜ノートブック＞を右クリックし、＜ノートブックを作成＞をクリックします。

(2) 「新規ノートブック」画面が表示されます。名刺を見るときに分類しているとわかりやすい名前を入力し、＜OK＞をクリックします。

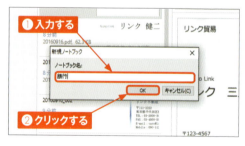

(3) スキャンした名刺データは「Cards」ノートブックにあるので、これを手順(2)で作成したノートブックにドラッグします。このように、業種別などで名刺を分類します。

④ 分類した名刺を「名刺」スタックを作成してまとめます。作成したノートブックを右クリックし、＜スタックに追加＞→＜新規スタック＞の順にクリックします。

⑤ 作成したスタックを右クリックし、＜名前を変更＞をクリックします。

⑥ スタック名（ここでは「名刺」）を入力します。

⑦ 名刺が格納されたノートブックすべてをスタックに追加すると、管理がしやすくなります。

Memo スタックとは

スタックは、似たようなテーマのノートブックを束ねて整理できるフォルダのような機能です。

タグで名刺を整理する

(1) タグを付けたい名刺のあるノートをクリックし、＜ノート＞→＜タグ＞をクリックします。

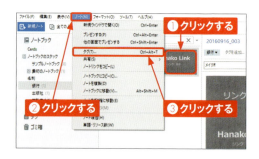

(2) 「タグの割り当て」画面が表示されます。「新規タグを追加」に追加したいタグを入力し、＜追加＞をクリックします。

(3) 手順②の操作を繰り返すと、複数のタグが追加されます。最後に＜OK＞をタップすると、タグの割り当てが完了します。

(4) 左サイドバーの＜タグ＞をクリックすると、タグがすべて表示されます。

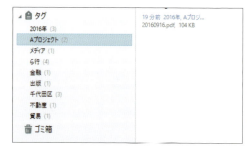

第4章

レシートや領収書を スキャンして整理する

Section 64 Dr.Wallet とは

Dr.Walletは、BearTailが提供するクラウド家計簿サービスです。ScanSnapでスキャンしたレシートがDr.Walletに送信されると、オペレーターが手入力でデータ化します。カテゴリ分けは自動で行われ、収支グラフも確認できるほか、入力データの編集も可能です。

Dr.Walletとは？

「Dr.Wallet」(https://www.drwallet.jp/)はScanSnapでスキャン、またはスマートフォンで撮影したレシートデータをクラウドで管理できる家計簿サービスです。Eight（第3章参照）と同様、オペレーターが目視で確認してから手入力でデータ化するので、コンピュータが文字を読み取るのとは異なり、誤入力が少なく快適に家計簿を付けることができます。また、自動カテゴリ分類データベースにより「食費」「医療」「日用雑貨」などの分類をスマートに仕分けしてくれます。もともとはスマートフォンのアプリサービスでしたが、現在はパソコンからも利用ができ、利便性はますます高まっています。

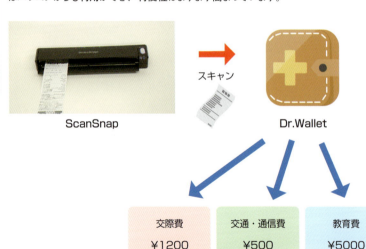

Dr.Walletを利用することで、気軽に家計簿を付けることができます。表計算ソフトを使い自分で付けるよりもかんたんです。

目視でオペレーターが手入力する

ScanSnapでスキャンし、Dr.Wallet側に送信されたレシート画像のデータは、専属のオペレーターが目視で確認して1枚1枚手入力を行います。そのため、コンピュータによる文字識別サービスを利用したものと異なり、間違った情報がデータ化されないのが特徴です。また、オペレーターの目視でデータ化されるので、レシートはネット通販の納品書や手書きの領収書など、文字が読み取れるものであれば問題ありません。

精度の高いデータが入力されます。

自動的にカテゴリを分類する

家計簿を付ける際に悩みのタネとなるのは、カテゴリの分類です。この支出のカテゴリはなんだろう、と考えていると、相当な時間を弄してしまうこともあります。Dr.Walletでは、特別な設定をすることなく、レシートデータを送信するだけで、独自のアルゴリズムにより自動的に仕訳を行います。また、仕分けられたカテゴリは、あとから手動で変更することもできます。

カテゴリ自動仕分けで、家計簿の悩みのタネが解消されます。

Memo Dr.Walletの料金プラン

スマートフォン版では、有料プランの利用ができます。月額600円の月額プレミアムでは、商品名や単価のデータ化、毎月の無料レシート枚数が20枚増、データ化のスピードアップなどの特典があります。そのほか、30日間データ化をスピードアップするパックやレシート撮影の枚数を増やすパックなどが用意されています。

	iOS版	Android版
月額プレミアム	600円／月	600円／月
データ化スピードアップ（30日間）	480円	400円
追加レシートパック 10枚	240円	200円
追加レシートパック 50枚	1,200円	1,000円
追加レシートパック 100枚	2,400円	なし

よく利用するなら有料プランがおすすめです。

第4章 レシートや領収書をスキャンして整理する

Section 65

Dr.Wallet のアカウントを作成する

Dr.Walletを利用するには、アカウントの作成が必要です。パソコン、スマートフォン用アプリのどちらからでも登録は行えますが、ここではパソコンからの登録方法を紹介します。メールアドレスとパスワードを設定しましょう。

Dr.Walletのアカウントを作成する

(1) Webブラウザを起動してアドレスバーに「https://www.drwallet.jp/」と入力し、Enterキーを押します。＜無料ではじめる＞をクリックします。

クリックする

(2) メールアドレスと利用したいパスワードを入力し、＜今すぐ登録（無料）＞をクリックします。

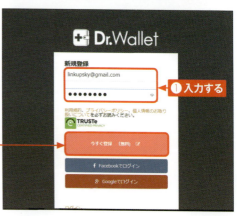

❶入力する

❷クリックする

③ 「仮登録が完了しました。」と表示されます。

④ 手順②で入力したメールアドレス宛に本登録URLが記載されたメールが送信されます。メールを開き、URLをクリックします。

クリックする

⑤ 登録が完了し、Dr.Walletのホーム画面が表示されます。

第4章 レシートや領収書をスキャンして整理する

Section 66 レシートをスキャンする

ScanSnap Cloudの「レシート」をスキャンしたときの設定をDr.Walletにしておくと、ScanSnapでスキャンを行うと、自動的にDr.Walletへと保存されます。保存されたデータはDr.Walletのオペレーターが手入力し、しばらくすると反映されるようになります。

レシートをスキャンする

① ScanSnapにレシートをセットします。

② ＜Scan／Stop＞ボタンを押して、レシートをスキャンします。

③ P.162を参考にDr.Walletのサイトを表示します。ページを下方向へスクロールします。

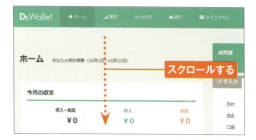

④ 「入出金履歴」の「入力済み」の項目にスキャンしたデータが表示されます。スキャンしたのに「入力されたデータはありません。」と表示され、項目が表示がされていない場合は、＜データ化中＞をクリックします。

クリックする

⑤ 現在、データ化を行っているスキャンデータが表示されます。しばらくしたら＜入力済み＞をクリックします。

クリックする

⑥ Dr.Walletのオペレーターによる入力が完了し、スキャンしたレシートのデータが表示されます。

表示される

第4章 レシートや領収書をスキャンして整理する

Section 67 スキャンデータを編集する

Dr.Walletへ登録したレシートの情報が間違っているときなどは、入力内容の編集を行うことができます。カテゴリや日付、店名、金額のほか、品名を入力することも可能です。異なる情報が登録されてしまったときは、変更しましょう。

レシート情報を編集する

① Sec.66を参考に「入出金履歴」を表示し、入力内容を編集したい項目をクリックします。

クリックする

② <編集する>をクリックします。

クリックする

Memo スキャンしたレシート画像を見る

ScanSnapでスキャンし、登録されたレシートの画像は、手順②の画面を下へスクロールすると見ることができます。

③ 編集したい項目をクリックして変更／入力し、<変更を保存する>をクリックします。

④ 「更新しました」と表示されます。×をクリックします。

⑤ 編集した項目が更新されているのが確認できます。

Section 68 収入やレシートがない支出を手入力する

収入やレシートがなくScanSnapでスキャンすることができない支出などは、手入力でDr.Walletへ登録することができます。また、定期的に発生する項目については定期入力を行うことができ、その期間の指定も可能です。

収入を手入力する

① P.162を参考にDr.Walletのサイトを表示し、画面右側の「手入力」欄の<収入>をクリックして、収入に関する各項目の内容を入力します。

① クリックする
② 入力する

② <登録する>をクリックします。

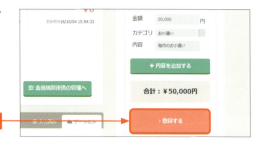

クリックする

③ 「追加しました」と表示され、収入の手入力が追加されます。

表示される

📄 レシートのない支出を手入力する

1. P.168の手順①の画面で画面右側の「手入力」欄の＜支出＞をクリックして、支出に関する各項目の内容を入力します。

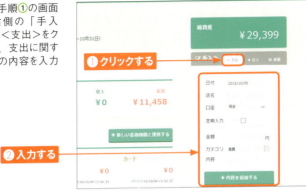

2. ＜登録する＞をクリックします。

3. 「追加しました」と表示され、支出の手入力が追加されます。

第4章 レシートや領収書をスキャンして整理する

Section 69

今月の収支を確認する

レシートをスキャンして登録したデータをもとに、毎月の細かい収支の確認を見ることができます。グラフでの表示や週、月ごとの収支を表で表した分類などがあるほか、評価や高額商品のランキングなどが見れる「カルテ」などがあります。

収支の集計をグラフで見る

1. P.162を参考にDr.Walletのサイトを表示し、＜集計＞をクリックします。

   クリックする

2. 「集計」画面が表示されます。「月ごとの分析」ではカテゴリ別に収支が表示され、「カレンダー」では日別にどのような収支が発生したかが金額で表示されます。「カテゴリー別の支出」では月内の支出について、カテゴリの割合がグラフ表示されます。

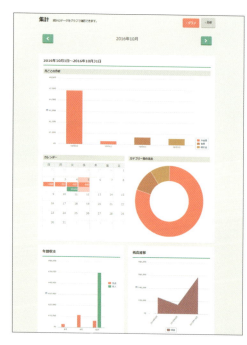

収支の集計を分類で見る

① P.170手順②の画面で、<分析>をクリックします。

クリックする

② 「週ごとの分析」と「月ごとの分析」がそれぞれ表示されます。

Memo 「カルテ」を見る

P.170手順①で<カルテ>をタップすると、今月の評価や高額商品の上位5品目のランキング、これまででもっとも消費にしたお店のランキングなどを見ることができます。

第4章 レシートや領収書をスキャンして整理する

Section 70

スマートフォン版 Dr.Wallet をインストールする

Dr.WalletはiPhoneやAndroidスマートフォンやタブレットに専用アプリがあります。アプリをインストールしておけば、いつでもスマートフォンやタブレットから収支の確認や、入力データの編集などを行うことができます。

Dr.Walletをインストールする

●iPhone / iPadの場合

① P.50を参考にApp Storeで「drwallet」を検索し、インストールします。

② インストールが完了したらホーム画面で＜Dr.Wallet＞をタップし、＜スキップ＞をタップします。

③ ＜すでに利用されている方はこちら＞をタップします。

④ P.162で入力したメールアドレスとパスワードを入力し、＜ログイン＞をタップします。

●Androidの場合

① P.51を参考にPlayストアで「drwallet」を検索し、インストールします。

② インストールが完了したらホーム画面またはアプリ画面で＜Dr.Wallet＞をタップし、アプリを起動します。＜次へ＞を4回タップします。

③ ＜Dr.Walletをはじめる＞をタップし、連絡先へのアクセス許可を確認する画面が表示されたら＜許可する＞または＜許可しない＞をタップします。

④ 利用するアカウントが選択されているのを確認し（アカウントがない場合は＜その他のアカウント＞をタップ）、＜家計簿を始める＞をタップします。

⑤ 「キャンペーン一覧／履歴」画面が表示されるので、←をタップします。

⑥ ＜プロフィールを入力する＞をタップし、画面の指示に従って進めましょう。

スマートフォン版 Dr.Wallet でスキャンデータを編集する

スマートフォン版のDr.Walletからも、パソコンと同様に入力内容を変更することができます。カテゴリや日付、店名、金額のほか、品名を入力することも可能です。異なる情報が登録されてしまったときは、変更しましょう。

入力内容を変更する

●iPhone ／ iPadの場合

① ホーム画面で＜Dr.Wallet＞をタップしてアプリを起動し、上へスライドします。「最近の入出金」から、入力内容を編集したいレシート→商品の順にタップします。

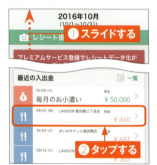

② ＜編集＞をタップします。

③ 品名の入力欄をタップして品名を入力し、＜OK＞をタップします。カテゴリの変更がある場合はタップして、最後に＜完了＞をタップします。

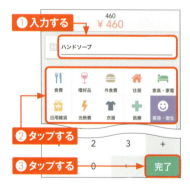

④ 「保存しました」と表示されます。画面左上をタップすると、手順①の画面へ戻ります。

●Androidの場合

1. ホーム画面またはアプリ画面で＜Dr.Wallet＞をタップしてアプリを起動し、上へスライドします。「最近の入出金」から、入力内容を編集したいレシートをタップします。

2. 商品名をタップします。

3. ＜編集＞をタップします。

4. 品名の入力欄をタップして品名を入力し、＜OK＞をタップします。カテゴリの変更がある場合はタップして、最後に＜完了＞をタップします。

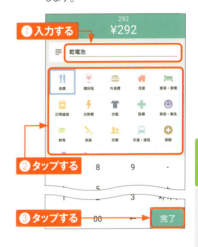

5. 「保存しました」と表示され、変更が保存されます。

Section 72 スマートフォン版 Dr.Wallet で今月の収支を確認する

スマートフォン版のDr.Walletでも、パソコンと同様に今月の収支を確認することができます。グラフでの表示や週、月ごとの収支を表で表した分類などや、評価や高額商品のランキングなどが見れる「カルテ」などを確認できます。

今月の収支を確認する

●iPhone / iPadの場合

① ホーム画面で＜Dr.Wallet＞をタップしてアプリを起動し、＜分析＞をタップします。

② 毎月の収支の推移が表示されます。＜カテゴリ別＞をタップします。

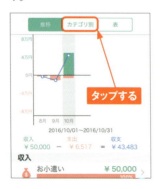

③ 支出のカテゴリ別内訳がドーナツチャートで表示されます。＜表＞をタップします。

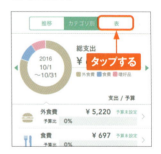

④ 月別で収支の詳細が確認できます。

	8/1〜8/31	9/1〜9/30	10/1〜10/31
収支	↓ -¥3,226	↓ -¥11,458	↑ ¥43,483
支出合計	↑ ¥3,226	↑ ¥11,458	↓ ¥6,517
食費	↑ ¥2,416	↑ ¥5,090	↓ ¥697
嗜好品	¥0	¥0 ↑	¥600
外食費	↑ ¥810 ↓	¥0 ↑	¥5,220
住居	¥0	¥0	¥0
家具・家電	¥0	¥0	¥0

●Androidの場合

① ホーム画面またはアプリ画面で＜Dr.Wallet＞をタップしてアプリを起動し、＜分析＞をタップします。

② 毎月の収支の推移が表示されます。上方向にスライドします。

③ 「よく行ったお店」や「よく使ったお店」などの情報が確認できます。＜表を見る＞をタップします。

④ 月別で収支の詳細が確認できます。

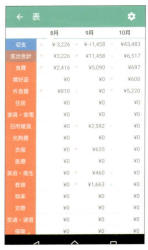

第4章 レシートや領収書をスキャンして整理する

Section 73 freeeとは

freeeは、無料のお試しから始めることができるクラウド会計サービスです。ScanSnapでスキャンした領収書を取り込み、帳簿を付けることができます。また、帳簿だけでなく、見積書や請求書、納品書の発行もできるので売り上げ全体の把握も可能です。

freeeとは?

「freee」(https://www.freee.co.jp/)はScanSnapでスキャン、またはスマートフォンで撮影した領収書をクラウドへバックアップできる会計サービスです。会計帳簿をクラウド上で付けることができ、経理業務を効率的に作業することができます。また、クレジットカードやインターネットバンキングと連携をすると、取得情報を自動的に仕分けし、勘定科目を自動で推測して入力されます。ほかにも見積書、請求書、納品書の発行をクラウド上で行え、レジとの連携もできるので、全体の売り上げの管理や、決算書の自動作成、確定申告の補助など経理業務全体の管理が可能です。

スキャン

領収書

データのバックアップ

領収書

freee

- 領収書データをバックアップできる
- 経理業務全般を効率化に作業できる
- クレジットカードなどとの連携で自動で帳簿作成ができる
- クラウド上で納品書などの発行ができ、売上管理もできる

など

freeeの作業にScanSnap Cloudとの連携を取り入れることで、領収書も管理しやすくなります。

領収書データの管理に便利

会社経営で発生する膨大な領収書も、ScanSnap Cloudと連携することですばやくfreeeへ取り込むことができます。また、ScanSnap Cloudの取り込み設定にe-文書法（電子帳簿保存法）対応モードもあるので、e-文書法適用内の書類はスキャンしたあと、処分するなどの対応もできるようになります。

「e-文書モード」での取り込みもできます。

無料でお試し利用ができる

freeeは個人事業主向けプランでは月額980円のスターター、月額1,980円のスタンダード、月額3,980円のプレムアム、法人向けプランでは月額1,980円のライト、月額3,980円のビジネスなどがあり、始めの30日間は無料で利用が可能です。機能制限などはありますが、使い勝手などは知ることができますので、まずは無料で試してみるとよいでしょう。

「freeeの料金プラン」（https://www.freee.co.jp/price）で料金プランや利用できることを確認しましょう。

Memo Dropboxと連携した取り込みができる

freeeの領収書データなどを保管する場所「ファイルボックス」を、Dropboxと連携することで、Dropboxの指定したファイルの画像がアップされるごとに自動的にfreeeへも取り込みがされるようになります。大量のデータもかんたんにアップロードが可能です。

Dropboxとの連携でさらに効率よく作業ができます。

第4章 レシートや領収書をスキャンして整理する

Section 74 freeeのアカウントを作成する

初めに、freeeを利用するために、アカウントの作成を行いましょう。パソコン、スマートフォン用アプリのどちらからでも登録は行えますが、ここではパソコンからの登録方法を紹介します。事業形態や電話番号、メールアドレスなどを設定します。

freeeのアカウントを作成する

(1) Webブラウザで「https://www.freee.co.jp/」を開き、＜無料で試してみる＞をクリックします。

(2) 事業形態やメールアドレス、電話番号、利用したいパスワードなど必要項目を入力し、「利用規約及びプライバシー／ポリシーに同意します。」にチェックが入っているか確認し（入っていない場合はチェックボックスをクリック）、＜freeeを始める＞をクリックします。

③ 名前や事業所名、住所など必要な項目を入力し、＜次へ＞をクリックします。

❶ 入力する

❷ クリックする

④ 利用できる料金プランが表示されます。ここでは、「1ヶ月だけお試し」の下にある＜試してみる＞をクリックします。

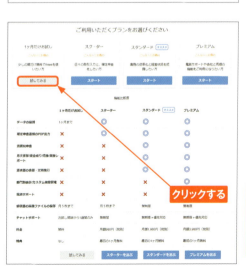

クリックする

⑤ freeeのホーム画面が表示され、「お試しプランを開始しました」と表示されます。詳細な設定を行うには、<設定>をクリックします。

⑥ 各種の設定項目が表示されます。「初期設定」の「開始残高」の項目は、利用開始前に設定しておきましょう。

Memo 開始残高を設定する

手順⑥の「開始残高」は、前年度の残高を入力する項目です。これは貸借対照表を作成する際に必要となります。今期から事業を始めた方、前期末の決算書を所有している方、他社の会計ソフトから乗り換えの方、それぞれの設定ができます。なお、あとからでも入力、修正は行うことができます。

⑦ P.180手順②で登録したメールアドレスに「[freee] メール認証キー送信のお知らせ」の件名でメールが送信されるので、メール本文に記載されているURLをクリックします。

⑧ 「メール認証に成功しました。」と表示されます。＜閉じる＞をクリックします。

⑨ freeeのホーム画面が表示されます。

第4章 レシートや領収書をスキャンして整理する

Section 75 領収書をスキャンして登録する

ScanSnap Cloudの「レシート」をスキャンしたときの設定をfreeeにしておくと、ScanSnapでスキャンを行うと、自動的にfreeeへと保存されます。freeeに取り込んだ領収書のデータは、バックアップだけでなく会計帳簿に登録することができます。

「スキャンで経理」から登録を行う

① 領収書をScanSnapでスキャン後P.180を参考にfreeeを表示し、<取引>をクリックします。

② 「スキャンで経理」の下にある<取引登録>をクリックします。

③ スキャンした領収書のデータと入力フォームが表示されます。各項目を入力して、Enterキーを押すと登録されます。

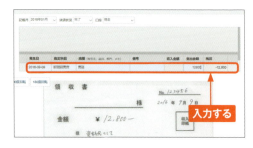

🅢 「ファイルボックス」から登録を行う

① P.184手順②の画面で、「ファイルボックス」の下にある＜ファイルをアップロード＞をクリックし、登録したい領収書をクリックします。

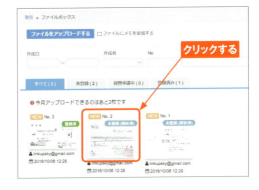

② スキャンした領収書のデータと入力フォームが表示されます。各項目を入力して、＜登録する＞をクリックすると登録されます。

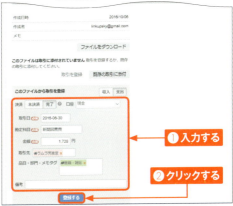

Section 76 領収書をDropbox経由で登録する

スキャンした領収書データをfreeeへ取り込む方法は、Dropboxを経由するやり方もあります。Dropboxから取り込むことで、大量のデータを高速にアップロードすることができます。あらかじめDropboxとScanSnap Cloudを連携しておきましょう。

Dropboxからファイルをインポートする

① freeeのホーム画面で＜取引＞をクリックします。

② 「ファイルボックス」の下にある＜ファイルをアップロード＞をクリックします。

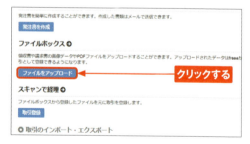

③ ＜Dropboxからインポート＞をクリックします。

④ アクセスをリクエストの確認画面が表示されるので、<許可>をタップします。

⑤ Dropbox内のScanSnapでスキャンした領収書データが格納されているフォルダを指定し、<○件のファイルをインポートする>をクリックします。

⑥ <インポートを開始する>をクリックします。

⑦ ファイルがファイルボックス内にアップロードされます。

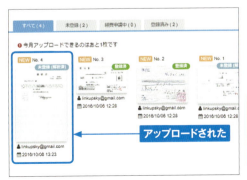

第4章 レシートや領収書をスキャンして整理する

Section 77

スマートフォン版freeeを利用する

freeeにはスマートフォン版アプリもあります。パソコン版と同じように、クラウド上で会計作業を行うことができ、ScanSnapでスキャンした領収書データを帳簿へ登録することもできます。

スマートフォン版freeeできること

freeeには、iPhoneやiPadで利用できるiOS版とスマートフォンやタブレットで利用できるAndroid版の専用アプリがあります。アプリでもパソコンと同様にスキャンした領収書データの登録を行うことができ、クラウド上で会計帳簿の作業が行えます。また、クレジットカードなどとの連携による自動帳簿作成や請求書や納品書などの発行も行えます。

● iOS版

● Android版

iOS版はApp Store（P.50参照）から、Android版はPlayストア（P.51参照）からアプリをインストールすることができます。

領収書データの登録もできる

パソコン版のように、スマートフォンのアプリからも「ファイルボックス」から領収書データを帳簿へ登録することができます。移動中などの隙間時間を利用して、帳簿作業が行えます。

メニューからファイルボックスを表示すると、パソコン版のように未登録、登録済みのスキャン画像が一覧で表示されます。

ファイルボックスのスキャン画像をタップして、＜取引を登録する＞をタップすると、登録が行えます。

> **Memo** スマートフォンのカメラから領収書をアップロードできる
>
> スマートフォン版freeeの「ファイルボックス」画面から、直接スマートフォンのカメラを利用して領収書のアップデートもできます。

Section 78 MF クラウド会計とは

MFクラウド会計は、マネーフォワードが提供するクラウド会計サービスです。ScanSnapでスキャンした領収書やレシートをMFクラウド会計の「MFクラウドストレージ」へ同期し、スキャンデータを見ながら仕訳作業をすることができます。

MFクラウド会計とは?

「MFクラウド会計」(https://biz.moneyforward.com/)はScanSnapでスキャンした領収書やレシートデータを同期させ、仕訳登録の作業ができるクラウド会計サービスです。作業しなければいけない大量の書類も、スキャンして取り込めるのでスッキリ整理できます。また、金融機関などと連携することで、取引明細を自動取得し、摘要や勘定科目などの仕訳まで自動で入力され、大幅に作業時間の短縮ができます。そのほか、財務状況を分析できる専用のスマートフォンアプリもあります。

ScanSnap

スキャン

・金融機関などと連携すると、自動仕訳される
・財務状況を分析する解析スマートフォンアプリがある
・仕訳ルールを学習し、勘定科目を自動提案する   など

MFクラウド会計を利用することで、パソコンにソフトをインストールすることなく、Webブラウザで会計作業が行えます。

勘定科目が自動的に仕訳される

銀行などの金融機関やクレジットカードなどのWebサービス、インターネット通販サイトなどと連携設定をすることで、自動仕訳が行われるようになります。自動仕訳には学習機能もあるので、精度の高い勘定科目への提案が行われるようになります。

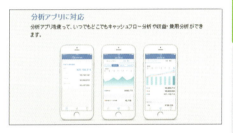

学習機能により、自動仕訳での勘定科目の提案精度が高まります。

スマートフォンアプリから分析できる

MFクラウド会計のiOS版およびAndroid版のスマートフォン用アプリは、パソコン版で入力された帳簿の財務状況を分析し、グラフで表示します。銀行口座と連携を行うと自社の口座の動きが毎日更新されるので、資金繰りなども一目瞭然です。また、収益や費用の分析データも閲覧できます。なお、アプリについてはSec.83で解説しています。

いつでもどこでも、自社の財務状況などを確認、分析することができます。

Memo MFクラウド会計の料金プラン

アカウントの登録後、45日間は無料で利用できます（ただし、仕訳入力は50件までの制限あり）。また、有料プランを申し込み、クレジットカードを登録すると、さらに45日間は無料で利用できます。なお、有料プランには月額1,980円のライトプランと、月額2,980円のベーシックプランがあり、仕訳入力の期間制限や、MFクラウドストレージの利用可能容量などが異なります。

「MFクラウド会計の料金」（https://biz.moneyforward.com/accounting/price）

第4章 レシートや領収書をスキャンして整理する

Section 79

MFクラウド会計のアカウントを作成する

MFクラウド会計を利用するには、初めにアカウントの作成が必要です。登録は、パソコンから行うことができます。登録する事業形態は個人事業主、法人の2種類がありますが、本書では個人事業主で解説します。

MFクラウド会計のアカウントを作成する

(1) Webブラウザで「https ://biz.moneyforward.com」を開き、＜無料で試してみる＞をクリックします。

(2) 事業形態を選択し（ここでは＜個人事業主＞をクリック）、入力が必要な項目に入力して、＜利用規約と個人情報の取扱について同意する＞をクリックしてチェックをオンにし、＜利用を開始する＞をクリックします。

③ 料金プランの選択画面が表示されるので、ここでは＜まずは無料で試してみる＞をクリックします。

④ 手順②で入力したメールアドレス宛にメール認証が行えるメールが送信されます。メールを開き、＜認証して利用を開始する＞をクリックします。

⑤ 「メール認証が完了しました」と表示され、MFクラウドのホーム画面が表示されます。

第4章 レシートや領収書をスキャンして整理する

Section 80

MFクラウド会計の初期設定を行う

MFクラウド会計を利用するために、アカウントの設定を行いましょう。初期設定は、事業所情報の入力、データ連携を行います。ホーム画面にセットアップ状況として、進捗の度合いがパーセント表示されます。

初期設定を行う

① P.192手順①を参考にMFクラウド会計のホーム画面を表示し、＜事業所情報の入力＞をクリックします。

② ＜事業所の設定＞をクリックします。

③ 各項目を入力し、＜設定を保存＞をクリックして、＜ホーム＞をクリックします。

④ <データ連携>をクリックします。

クリックする

⑤ <金融機関の登録>をクリックし、「データ連携のメリット」画面が表示されたら、<試してみる>をクリックします。

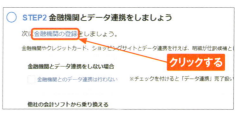

クリックする

⑥ 画面の指示に従い、金融機関の登録を行います（連携しない場合は手順⑤で<金融機関とのデータ連携は行わない>をクリック）。ScanSnapとの連携の設定もこの画面から行います。<サービス連携>→<ScanSnap>→<ScanSnapと同期>の順にクリックします。

①クリックする
②クリックする

⑦ ScanSnapを利用して記帳する事業所を設定し、<事業所を設定>をクリックします。

①設定する
②クリックする

⑧ <OK>をクリックします。

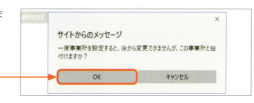

クリックする

第4章 レシートや領収書をスキャンして整理する

Section 81 領収書をスキャンして登録する

ScanSnap Cloudの「レシート」をスキャンしたときの設定をMFクラウド会計にしておくと、ScanSnapでスキャンを行うと、自動的にMFクラウド会計へと保存されます。登録は手入力で行います。スキャンデータを添付する形で日付や金額、勘定科目を入力します。

スキャンしたデータを登録する

(1) 領収書をScanSnapでスキャン後、P.192手順①を参考にMFクラウド会計のホーム画面を表示し、＜その他業務＞→＜MFクラウドストレージ＞の順にクリックします。

(2) ＜ScanSnapと同期＞をクリックします。

(3) 同期が行われ、完了すると「ScanSnapと同期しました。」と表示されます。＜手動で仕訳＞→＜仕訳帳入力＞の順にクリックします。

④ をクリックします。

クリックする

⑤ 画面下に「添付ファイル」が表示されるので、該当のファイルをクリックします。

⑥ <添付>をクリックします。

⑦ 画面上部の入力フォームの項目に必要事項を入力します。

第4章 レシートや領収書をスキャンして整理する

Section 82 スマートフォン版MFクラウド会計を利用する

MFクラウド会計にはスマートフォン版アプリもあります。パソコン版のようなクラウド上での会計作業を行うことはできませんが、パソコン版から入力したデータの分析などをいつでもどこでもスマートフォンから閲覧することができます。

スマートフォン版MFクラウド会計でできること

MFクラウド会計にも、iPhoneやiPadで利用できるiOS版と、スマートフォンやタブレットで利用できるAndroid版の専用アプリがあります。アプリでは記帳などはできませんが、パソコンで入力した帳簿についての分析データを閲覧することができます。金融機関と連携をすることでキャッシュフロー分析ができるほか、収益、費用分析などが可能です。

● iOS版

● Android版

iOS版はApp Store（P.50参照）から、Android版はPlayストア（P.51参照）からアプリをインストールすることができます。

資金繰りや収益・費用の分析が確認できる

MFクラウド会計のスマートフォンアプリは、記帳など入力作業を行うことはできませんが、経営を行ううえで必要なさまざまな自社の情報を分析、解析したデータを見ることができます。たとえば、取引している複数の金融機関のWebサービスなどとの連携を行うと、毎日の口座情報を自動的に取得し、残高、入金、出金などの資金繰りをアプリからグラフでチェックができます。また、売上総利益、営業利益、当期純利益など、各種利益を月ごとにグラフで見ることができ、また、詳細に見たい項目に関してはタップすることで、内訳を見ることもできます。

MFクラウド会計では、アプリでなにが行えるかなどの情報を公式サイトで公開しています（https://biz.moneyforward.com/info/feature/accounting-application/）。

Memo パスコードロックの設定ができる

アプリでは、パスコードロックを設定することができます。万が一、スマートフォンを紛失してしまった場合も、セキュリティ面はしっかりしているので、第三者に見られてしまうなどの心配はありません。

もしものときのために、パスコードロックは設定しておくようにしましょう。

第4章 レシートや領収書をスキャンして整理する

Section 83

STREAMEDとは

STREAMEDは、クラビスが提供する大量の領収書やレシートを正確にデータ化してくれるクラウド経理精算サービスです。送信したデータはオペレーターが目視で確認し、手入力でデータ化されます。また、主要会計ソフト形式のファイル出力も可能です。

STREAMEDとは?

「STREAMED」(http://streamedup.com/)はScanSnapでスキャン、またはスマートフォンで撮影した領収書やレシートの画像をもとにデータ化してくれるクラウド経理精算サービスです。送信したデータはオペレーターが目視で確認し、手入力を行うので精度の高さが人気となっています。また、データはfreeeやMFクラウド会計、弥生会計オンラインなど主要会計ソフトに取り込めるデータ形式での出力もできます。また、乗換検索サービス「駅すぱあと」とも連携しており、外出先からもかんたんに交通費の記録ができます。

領収書　スキャン　　　　　　　　　　　オペレーターがデータ化

STREAMED

・オペレーターが目視で手入力するので正確
・乗換検索サービスと連携し、交通費の記録がかんたん
・freee や MF クラウド会計、弥生会計オンラインなど
　主要会計ソフトに対応したファイル出力ができる

など

STREAMEDを導入することで、経理作業を大幅に簡素化することができ、業務効率を向上できます。

オペレーターの手入力で精度の高いデータに

日々の業務で発生する大量の領収書やレシートをScanSnapでスキャンするだけで、まとめてデータ化することができます。オペレーターの目視による入力なので、手書きの領収書でも問題ありません。平日の10～19時であれば、1時間ほどでデータ化されます。また、勘定科目も自動提案され、使えば使うほど学習される機能もあります。

精度の高いデータ化で人気のサービスです。

会計ソフト対応形式のファイル出力ができる

有料プランに申し込むと、会計ソフト形式でCSVファイルの出力ができます。出力したファイルを各会計ソフトで取り込めば、データをそのまま利用することが可能です。なお、対応している会計ソフトは、freeeやMFクラウド会計、弥生会計オンラインなど主要なものばかりです。

CSVファイルに出力して、会計ソフトに取り込むことができます。

Memo STREAMEDの料金プラン

STREAMEDは無料でも利用できますが、個人事業主プラン（プロプラン・ライト月額300円、プロプラン月額1,950円）、一般企業プラン（月額300円）、会計事務所プラン（月額12,000円）といった有料プランもあり、プランにより自動データ化の枚数などがそれぞれ異なります。詳しくはWebサイトで確認しましょう。

使用量にあったプランが選択できます。

第4章 レシートや領収書をスキャンして整理する

Section
84 STREAMEDの
アカウントを作成する

STREAMEDを利用するには、初めにアカウントの作成が必要です。登録はパソコン、またはスマートフォンから行うことができます。ここでは、パソコンでアカウントを作成する手順を解説します。

STREAMEDのアカウントを作成する

(1) Webブラウザで「http://streamedup.com/」を開き、＜会員の方はこちら＞をクリックします。

(2) 「まだSTREAMEDに登録していない方はこちら」の＜こちら＞をクリックします。

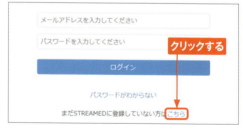

(3) メールアドレスを入力し、＜確認メールを送信＞をクリックします。

④ 「認証メールを送信しました」と表示されます。

⑤ 手順③で入力したメールアドレス宛にメール認証が行えるメールが送信されます。メールを開き、記載されているURLをクリックします。

⑥ 「パスワードの設定」画面が表示されます。パスワードを2回入力し、<送信>をクリックします。

⑦ 「パスワード設定完了」画面が表示され、アカウントの作成が完了します。

パスワード設定完了

パスワードの設定が完了しました。
Web版のログインはこちら

第4章 レシートや領収書をスキャンして整理する

Section
85 STREAMEDの初期設定を行う

STREAMEDを利用するために、初めにアカウントの初期設定を行いましょう。初期設定は、ユーザー名や法人／個人の設定などを行います。法人とした場合、会社名や業種の設定のほかに、決算日の設定を行います。

初期設定を行う

① P.202手順①を参考にSTREAMEDのホーム画面を表示し、＜設定＞をクリックします。

② ＜プロフィール＞をクリックします。

③ ユーザー名や法人／個人など、必要項目を設定します。

設定する

④ <設定>をクリックします。

クリックする

⑤ 「ユーザー情報を設定しました。」と表示され、設定が完了します。

表示される

第4章 レシートや領収書をスキャンして整理する

Section 86 領収書をスキャンして登録する

ScanSnap Cloudの「レシート」をスキャンしたときの設定をSTREAMEDにしておくと、ScanSnapでスキャンを行うと、自動的にSTREAMEDへと保存されます。データが登録されたら内容を確認し、修正が必要であれば編集しましょう。

スキャンしたデータを編集する

① 領収書をScanSnapでスキャン後、P.202手順①を参考にSTREAMEDのホーム画面を表示すると、「自動データ化中」と表示されるのでデータ化されるのを待ちます。

② データ化が完了したら、編集したいデータをクリックします。

クリックする

③ 編集したい項目をクリックして編集を行います。

編集する

④ 「学習機能で効率アップ!」画面が表示されたら、<チュートリアルをスキップする>をクリックします。

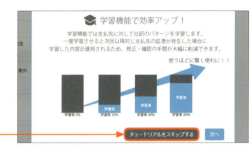

クリックする

⑤ <保存>または<保存して学習>をクリックします。ここでは<保存して学習>をクリックします。

クリックする

⑥ 項目を設定して必要があればチェックを入れ、<OK>をクリックします。

❶ 設定する

❷ クリックする

⑦ <一覧に戻る>をクリックします。

入力する

第4章 レシートや領収書をスキャンして整理する

STREAMED

Section 87 弥生会計オンラインとは

弥生会計オンラインは、弥生が提供するクラウド会計サービスです。会計ソフトの老舗「弥生会計」のクラウドオンライン版として、2015年よりサービスが開始されました。簿記、会計、経理知識がない人でも利用しやすくなっています。

弥生会計オンラインとは?

「弥生会計オンライン」（ http://www.yayoi-kk.co.jp/products/account-ol/ ）はScanSnapでスキャンした領収書やレシートの画像をもとにデータ化してくれるクラウド会計サービスです。取引の記帳や経営状況のレポート、決算書の作成など、一連の会計業務をシンプルな操作で行うことができます。簿記知識がなくても、日付や金額などを入力するだけで取引入力が行え、入力したデータをもとに会計帳簿が作成されます。ScanSnap Cloudのデータは、弥生シリーズ全体で仕訳データが共有できる「YAYOI SMART CONNECT」に取り込むことができます。

ScanSnap CloudからYAYOI SMART CONNECTへスキャンデータの取り込みができ、データは弥生会計オンラインなどで利用できます。

スマート取引取込で会計業務を効率化

金融機関やクレジットカードのWebサービスなどと連携し、取引情報を自動で取り込める「YAYOI SMART CONNECT」に、ScanSnap Cloudのスキャンデータ情報も取り込むことが可能です。そのほか、STREAMEDやZaim、Moneytreeといった経理サービスとの連携もでき、これらのデータは弥生会計オンラインなどで利用できます。

「YAYOI SMART CONNECT」
(http://www.yayoi-kk.co.jp/smart/)

シンプルな操作で初心者も利用できる

取引の入力はYAYOI SMART CONNECTのほか、日付や金額を入力するだけで行えるので、簿記や会計の知識がない人でも利用できます。また、入力された取引をもとに帳簿が作成されるので、効率的な会計作業を行うことができます。取引のレポートも自動作成されるので、経営状況が把握できます。

会計ソフトの老舗ならではのシンプルな操作です。

Memo 弥生会計オンラインの料金プラン

2か月無料で利用できる無料体験プランのほか、有料プランは2種類あります。すべての機能が利用できるセルフプランは年額28,080円、さらに電話やメールでのサポート、仕訳相談、経理業務相談の利用が付加するベーシックプランは年額32,400円です。どちらのプランも、初年度2か月は無料で利用できます。

経理知識のない人はベーシックプランがおすすめです。

第4章 レシートや領収書をスキャンして整理する

Section 88

弥生会計オンラインの アカウントを作成する

弥生会計オンラインを利用するには、初めにアカウントの作成が必要です。登録時には、事業者名や業種などの事業者情報を入力します。なお、ここでは最大2か月無料で利用可能な無料体験プランでの申込方法を解説します。

弥生会計オンラインのアカウントを作成する

① Webブラウザで「http://www.yayoi-kk.co.jp/products/account-ol/」を開き、＜申し込む（料金プランへ）＞をクリックします。

② 「無料体験プラン」の下にある＜今すぐ申し込み手続きへ＞をクリックします。

③ メールアドレスと表示されている文字コードを入力し、＜同意して送信する＞をクリックします。

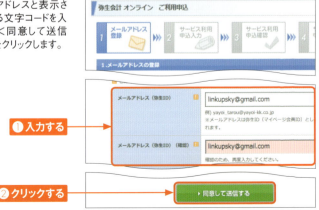

④ 手順③で入力したメールアドレス宛にメールが送信されます。メールを開き、記載されているURLをクリックします。

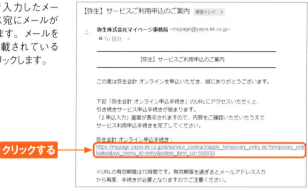

⑤ 契約プランや登録者情報、事業者情報を入力し、<同意して次へ>をクリックします。

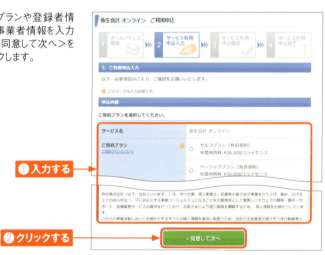

⑥ 入力内容が表示されるので確認し、問題がなければ<登録する>をクリックします。

第4章　レシートや領収書をスキャンして整理する

Section
89 弥生会計オンラインの初期設定を行う

弥生会計オンラインを利用するまえに、初期設定を行いましょう。消費税や口座、固定資産などを入力していきます。また、決算日の設定は一度行うと、変更するのに手間がかかりますので慎重に行いましょう。

初期設定を行う

(1) P.211手順⑥のあとに登録したメールアドレス宛に申し込み完了のメールが送られるので、メール内に記載されているログインURLをクリックします。

(2) 「決算日の設定」画面が表示されます。決算日を設定して、<利用開始>をクリックします。

(3) <はい>をクリックします。

④ 弥生会計オンラインのホーム画面が表示されます。「まずは自分で使ってみる」の下にある<このまま利用する>をクリックします。

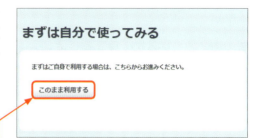

⑤ 「先に設定する」の下にある<設定>をクリックします。

⑥ 初期設定のチャートが表示されます。<全体の設定>をクリックします。

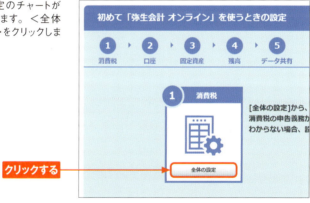

⑦ 画面に従い、設定を進めていきましょう。

第4章 レシートや領収書をスキャンして整理する

Section 90 領収書をスキャンして登録する

ScanSnap Cloudの「レシート」をスキャンしたときの設定を弥生会計オンラインにしておくと、ScanSnapでスキャンを行うと、自動的にYAYOI SMART CONNECTへと保存されます。データは必要に応じて入力、修正しましょう。

スキャンしたデータを編集する

(1) 領収書をScanSnapでスキャン後、ホーム画面で<スマート取引取込>をクリックします。

クリックする

(2) <スキャンデータ取込>をクリックします。

クリックする

Memo スキャン設定のスキャンモードについて

ScanSnap Cloudのスキャン設定時にログインがうまくいかずエラーが出てしまう場合は、スキャンモードが「通常モード」になっているか確認しましょう。

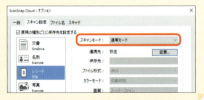

③ 「スキャンデータ取込」画面が表示されます。上段の項目をクリックします。

④ スキャン画像を見ながらデータ内容を確認し、必要があれば入力、編集を行います。＜確定して次へ＞をクリックします。

⑤ スキャンした件数すべてのデータを確認します。

⑥ 「送信」欄の「する」が選択されているのを確認し、＜内容を確認＞をクリックします。

第4章 レシートや領収書をスキャンして整理する

弥生会計オンライン

⑦ 「取引一覧」画面が表示されます。表示内容を確認し、修正が必要な項目があればクリックします。

クリックする

⑧ 内容を修正します。

修正する

⑨ ＜確定する＞をクリックします。

クリックする

⑩ 取引が登録されます。

第5章

写真をスキャンして整理する

第5章 写真をスキャンして整理する

Section 91

Googleフォトとは

Googleフォトは、Googleが提供する写真管理サービスです。アップロードサイズを「高画質」に設定すると、容量無制限で写真を保存することができます。また、写真の管理や編集、検索が充実しているのも大きな特徴です。

Googleフォトとは?

「Googleフォト」(https://photos.google.com/)は、ScanSnapでスキャンした写真データをクラウドで保存、管理できるサービスです。保存した写真データはパソコン、またはスマートフォン／タブレットで閲覧、編集、管理することができ、ダウンロードもできます。写真はデータ容量が16メガピクセル以下の「高画質」サイズであれば、無制限に保存することができるのも大きな特徴の1つです。

また、保存した写真をかんたんに編集することもできます。写真の明るさや色調などのほか、画像の回転や14種類のフィルターをかけることもできます。そのほか、検索機能も充実しており、写真の日時検索や「青」、「喜び」、「空」などの関連キーワードでの検索も可能です。

Googleフォト
・16メガピクセル以下の写真を無制限に保存できる
・写真の管理や、明るさや色合いなどの編集機能が充実
・日時以外の検索機能も充実

 写真　 写真　 写真　

スマートフォン　タブレット　ノートパソコン　デスクトップパソコン

たくさんの写真を保存するには、16メガピクセルのデータ量であれば保存容量が無制限なGoogleフォトがおすすめです。

保存できるデータ容量は無制限

Googleフォトに保存できる写真は、16メガピクセルのものであれば無制限に保存することができます。あらかじめ、保存設定を「高画質」にしておきましょう。なお「元のサイズ」の設定にすると、Google全体の無料で利用できるストレージ容量から消費します。

「高画質」設定で無制限に写真が保存できます。

充実した編集、検索機能

写真の編集では明るさや色味、ポップ、周辺減光などの調節ができるほか、縦の画像が横に保存されてしまった場合は画像を回転することができます。また、14種類のフィルターをかけてアーティスティックに仕上げることも可能です。日時だけでなく色や感情、イベントなどで検索することもできます。

スキャンした写真もきれいに仕上げることが可能です。

Memo 利用するGoogleアカウントについて

Googleフォトで利用するアカウントは、Google Drive（Sec.38〜45参照）で利用したGoogleアカウントが利用できます。Googleアカウントの作成方法は、Sec.39を参照してください。

第5章 写真をスキャンして整理する

Section 92 Googleフォトの初期設定をする

写真を保存する際の画質は、「高画質」と「元のサイズ」の2種類から選ぶことができます。元のサイズの場合、解像度をそのままで保存できますが、保存容量を消費します。高画質だと容量制限なしで保存可能です。

保存する際の画質を設定する

1. Webブラウザを起動し、アドレスバーに「https://www.google.co.jp/」と入力してEnterキーを押します。Googleアカウントでサインインし、⋮⋮⋮→＜フォト＞をクリックします。

2. 初回は⊙を3回クリックします。

3. ⊙をクリックします。

④ Googleフォトのホーム画面が表示されます。…をクリックします。

クリックする

⑤ <設定>をクリックします。

クリックする

⑥ ここでは高画質に設定します。「アップロードサイズ」の下にある<高画質>をクリックします。

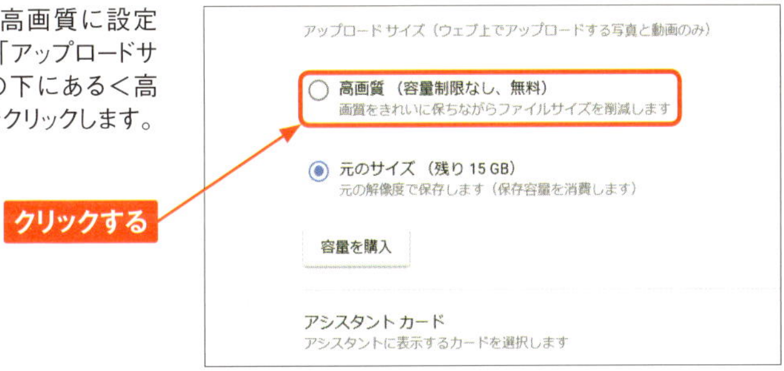

クリックする

⑦ 「設定を保存しました」と表示され、設定が変更されます。

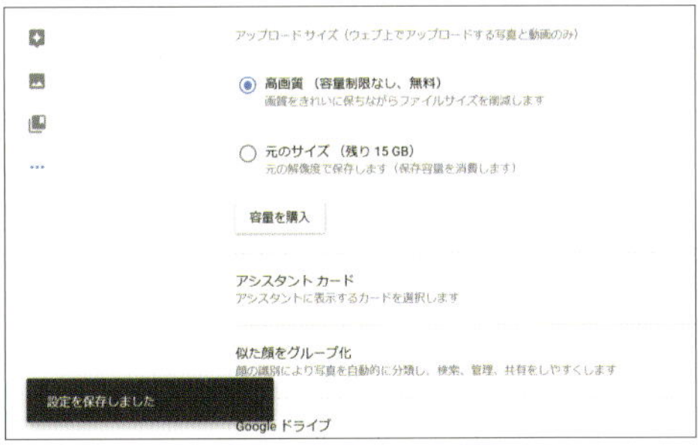

第5章 写真をスキャンして整理する

Googleフォト

221

第5章 写真をスキャンして整理する

Section 93

スキャンした写真を閲覧する

ScanSnap Cloudの「写真」の保存先をGoogleフォトに設定すると、ScanSnapで写真をスキャンするとデータがGoogleフォトへと保存されます。保存した写真はアルバムにまとめることで整理できるので、自分がすぐに見つけやすくなるように作成しましょう。

写真を閲覧する

① P.220を参考にWebブラウザでGoogleフォトを表示し、閲覧したい写真をクリックします。

クリックする

② 写真が表示されます。左右どちらかの余白部分にカーソルを合わせ、表示される◀をクリックします。

クリックする

③ 手順①の画面でクリックした隣の写真が表示されます。

アルバムを作成する

1. P.220を参考にWebブラウザでGoogleフォトを表示し、🖻をクリックして、＜アルバムを作成＞をクリックします（2回目からは右上の＜作成＞→＜アルバム＞の順にクリック）。

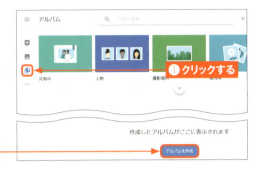

2. アルバムにまとめたい写真をクリックして選択し、＜作成＞をクリックします。

3. アルバム名を入力し、✓をクリックします。

4. アルバムが作成されます。手順①の画面から、アルバムの閲覧ができます。

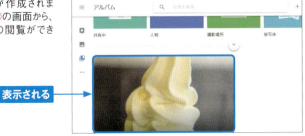

第5章 写真をスキャンして整理する

Section 94 写真の日付を変更する

Googleフォトに保存した写真のデータは、日付や時間の設定を変更できます。日付や時間はScanSnapでスキャンした日時が登録されるので、写真の撮影日などに変更しましょう。

写真の日付を変更する

1. P.220を参考にWebブラウザでGoogleフォトを表示し、情報を変更したい写真をクリックします。

   クリックする

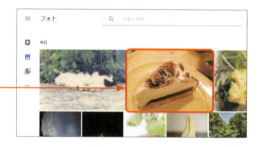

2. ⓘをクリックします。

   クリックする

3. ＜説明を追加＞をクリックします。

   クリックする

④ 写真の情報の入力ができます。✎をクリックします。

❶ 入力する
❷ クリックする

⑤ 日時の編集ができます。日時を設定し、＜保存＞をクリックします。

❶ クリックする
❷ クリックする

⑥ 「日時を変更しました」と表示され、日時が変更されます。

表示される

Memo 入力した写真の情報の表示場所

手順④で入力した写真の情報は、手順②の画面下に表示されます。

表示される

Section 95 写真を検索する

Googleフォトの検索欄に日付を入力すると、保存した日、またはSec.94で写真に登録した日の写真が検索されます。そのほか、「食べ物」や「自然」など、こちらで設定していない情報についても、関連するキーワードで検索ができます。

写真を検索する

① P.224の手順①の画面で、＜写真を検索＞をクリックします。

クリックする

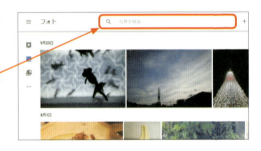

② 日付（ここでは「2016/08/01」）を入力し、Enterキーを押します。

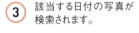

クリックする

③ 該当する日付の写真が検索されます。

検索される

④ 手順②で「食べ物」と検索すると、食べ物に関する写真が検索されます。

⑤ 手順②で「自然」と検索すると、自然に関する写真が検索されます。

⑥ 手順②で「空」と検索すると、空に関する写真が検索されます。

Memo そのほかに検索できるキーワード

Googleフォトでは紹介したキーワードのほかにも、「青」や「赤」などの色、「飛行機」「新幹線」などの乗り物、「喜び」「笑い」などの感情、「ライブ」「パーティ」などのイベント、「猫」「犬」などの動物名など、さまざまなキーワードで検索が可能です。

第5章 写真をスキャンして整理する

Section 96 写真を編集／修整する

Googleフォトでは、保存した写真の編集を行うことができます。明るさや色合いなどの調整のほか、画像を回転することもできます。また、フィルター機能ではあらかじめ設定されている色味の変更などから選び、保存することが可能です。

写真を編集／修整する

① P.222の手順②の画面で、■をクリックします。

クリックする

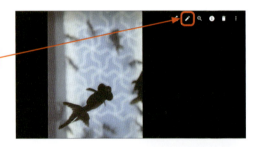

② 写真の編集画面が表示されます。■をクリックします。

クリックする

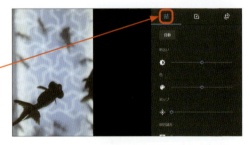

③ 明るさや色合いなどの○を左右にスライドして調整し、＜完了＞をクリックすると変更が保存されます。

❷クリックする

❶調整する

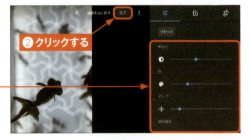

④ P.228手順②の画面で
🔲をクリックし、🔄をク
リックします。

クリックする

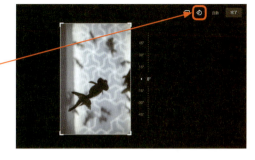

⑤ 画像が回転します。
＜完了＞をクリックする
と、変更が保存されま
す。

クリックする

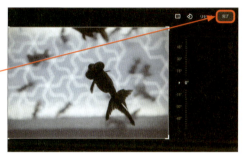

⑥ P.228手順②の画面で
🔲をクリックし、適用し
たいフィルター（ここで
は＜Phobos＞）をクリッ
クします。

クリックする

⑦ フィルターが適用されま
す。＜完了＞をクリック
すると、変更が保存さ
れます。

クリックする

Section 97 スマートフォン版Googleフォトをインストールする

Googleフォトは iPhoneやAndroidスマートフォンに専用アプリがあります。インストールしておけば、ScanSnapからGoogleフォトに追加した写真データをいつでもスマートフォンやタブレットから閲覧することができます。

Googleフォトをインストールする

●iPhone / iPadの場合

(1) P.50を参考にApp Storeで「google photos」を検索し、インストールします。

(2) インストールが完了したらホーム画面で＜フォト＞をタップし、アプリを起動します。初回起動時は＜始める＞をタップします。Googleアカウントを入力し、＜次へ＞をタップします。画面が変わったらパスワードを入力し、＜次へ＞をタップします。

(3) 「写真や動画のバックアップ」画面で設定し、＜続行＞をタップします。

(4) 「写真と動画のアップロードサイズ」画面で設定し、＜続行＞をタップします。＜通知をオンにする＞＜オンにしない＞をタップし、画面の指示に従って進めるとGoogleフォトの画面が表示されます。

●Androidの場合

(1) P.51を参考にPlayストアで「google photos」を検索し、インストールします（すでにスマートフォンにインストール済みの場合もあります）。

(2) インストールが完了したらホーム画面またはアプリ画面で＜フォト＞をタップし、アプリを起動します。端末にGoogleアカウントを登録していない場合は、＜ログイン＞をタップします。登録している場合は手順⑥の画面が表示されます。

(3) Googleアカウントを入力し、＜次へ＞をタップします。

(4) パスワードを入力して、＜次へ＞→＜同意する＞をタップします。

(5) 「Googleサービス」画面が表示されたら、＜次へ＞をタップします。

(6) 「写真や動画のバックアップ」画面で設定し、＜完了＞をタップするとGoogleフォトの画面が表示されます。

第5章 写真をスキャンして整理する

Section 98 スマートフォン版Googleフォトで写真を閲覧する

パソコン版と同様、スマートフォン版のGoogleフォトでも保存した写真のデータを閲覧することができます。写真に情報を設定することができ、iPhone版では日付の変更も可能です。

写真を閲覧する

●iPhone／iPadの場合

(1) ホーム画面で＜フォト＞をタップしてアプリを起動し、見たい写真をタップします。

(2) 写真が表示されます。ⓘをタップします。

(3) 写真の情報を編集する画面が表示されます。＜説明を追加＞をタップし、情報を入力します。日付を変更したい場合は✐をタップします。

(4) 日付を設定し、＜保存＞をタップすると、日付が変更されます。

● Androidの場合

① ホーム画面またはアプリ画面で＜フォト＞をタップしてアプリを起動し、見たい写真をタップします。

② 写真が表示されます。左方向にスワイプします。

③ 手順①の右の写真が表示されます。🛈をタップします。

④ 写真の情報を編集する画面が表示されます。情報を追加したい場合は、＜説明を追加＞をタップし、情報を入力します。

> **Memo 日付の変更はできない**
>
> Android版では日付の変更ができません。日付を変更したい場合は、Sec.94を参照にパソコンから行いましょう。

第5章 写真をスキャンして整理する

Section 99

スマートフォン版Googleフォトで写真を編集／修整する

スマートフォン版Googleフォトで写真の編集を行いましょう。明るさや色味の調整のほか、写真の回転やフィルターをかけることもできます。スキャンした写真をSNSなどへすぐに投稿したい場合などに便利です。

写真の明るさを変更する

① ホーム画面またはアプリ画面で＜フォト＞をタップしてアプリを起動し、編集したい写真をタップします。

② 写真が表示されます。鉛筆アイコンをタップします。

③ アイコンをタップすると編集メニューが表示されます。ここでは、＜明るさ＞をタップします。

④ ●を左右にドラッグして調整し、✓をタップすると、編集が確定されます。

写真の向きを変更する

1 P.234手順③の画面で、をタップします。

2 をタップするごとに、写真が時計回りで回転します。ここでは、1回をタップします。

3 問題がなければ、＜完了＞をタップします。

4 ＜保存＞をタップすると、写真の向きが確定します。

Section 100 そのほかのサービスに写真を保存する

ScanSnap Cloudで写真の保存は、Googleフォト以外にも設定は可能です。写真にタグ付けを行い整理することができるEvernoteや、写真アルバムを作成し、Web上で公開できるDropboxなど、用途などに合わせて好みのサービスに設定しましょう。

Evernoteに写真を保存する

① あらかじめScanSnap Cloudで写真の保存先をEvernoteに設定します。デスクトップの＜Evernote＞をクリックするなどしてEvernoteを開き、＜Photos＞をクリックします。

② スキャンした写真のノートブックをクリックし、閲覧したい写真をクリックします。

③ 既定のビューアが起動し、写真が表示されます。

Dropboxに写真を保存する

(1) あらかじめScanSnap Cloudで写真の保存先をDropboxに設定します。デスクトップの＜Dropbox＞をクリックするなどしてDropboxフォルダを開き、＜ScanSnap＞→＜Photos＞の順にクリックします。

(2) スキャンして保存されたファイルが表示されます。閲覧したい写真ファイルをクリックします。

(3) 既定のビューアが起動し、写真が表示されます。

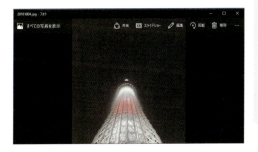

Memo Dropboxで写真のアルバムを作成して公開する

Dropboxでは写真のアルバムを作成してWeb上に公開することができます。「https://www.dropbox.com/」にアクセスしてログインし、＜写真＞をクリックしてアルバムに収納したい写真→ ••• →＜○件をアルバムに追加＞→＜新しいアルバムを作成＞の順にクリックし、アルバム名を入力して＜作成＞をクリックするとアルバムが作成されます。アルバムの画面で ••• →＜アルバムを共有＞をクリックすると、共有URLが取得できます。

索引

アルファベット

Boxに保存 ……………………………… 134
Dropbox ………………………………… 72
Dropbox Pro …………………………… 73
Dropboxからファイルをインポート（freee）… 186
Dropboxでスキャンデータを閲覧 ……… 78, 84
Dropboxに写真を保存 ………………… 237
Dropboxにファイルを保存 …………… 80, 86
Dropboxのファイルをオフライン保存 ……… 87
Dropboxのアカウントを作成 ……………… 74
Dr.Wallet ……………………………… 160
Dr.Walletのアカウントを作成 ………… 162
Eight …………………………………… 136
Eightで名刺を表示 …………………… 144
Eightのアカウントを作成 ……………… 138
Evernote ………………………………… 88
Evernoteでスキャンデータを閲覧 … 94, 102, 104
Evernoteに写真を保存 ………………… 236
Evernoteのアカウントを作成 …………… 90
freee …………………………………… 178
freeeのアカウントを作成 ……………… 180
Google Drive ………………………… 106
Google Driveでスキャンデータを閲覧 … 110, 116
Google Driveにファイルを保存 ……… 112, 118
Google Driveのファイルをオフライン保存 … 119
Googleアカウントを作成 ……………… 108
Googleフォト …………………………… 218
Googleフォトの初期設定 ……………… 220
JPEG形式 ………………………………… 14
MFクラウド会計 ……………………… 190
MFクラウド会計のアカウントを作成 … 192
MFクラウド会計の初期設定 …………… 194
Microsoftアカウントを作成 …………… 122
OCR機能 ………………………………… 32
OneDrive ……………………………… 120
OneDriveでスキャンデータを閲覧 … 124, 130
OneDriveにファイルを保存 …………… 126
OneDriveのファイルをオフライン保存 … 133
PDF形式 ………………………………… 14
PDFファイルをまとめて管理 …………… 34
ScanSnap Cloud ………………………… 36
「ScanSnap Cloud」アプリ ……………… 50
ScanSnap Cloudのアカウントを作成 … 45, 53
「ScanSnap Connect Application」アプリ … 21
ScanSnap iX100 ………………………… 37
ScanSnap iX500 ………………………… 37
ScanSnap Organizer ………………… 13, 16
ScanSnapオンラインアップデート …… 42
STREAMED ……………………………… 200
STREAMEDのアカウントを作成 ……… 202
STREAMEDの初期設定 ………………… 204
Wi-Fi …………………………………… 26
Windows版Dropboxをインストール …… 76
Windows版Evernoteをインストール …… 92
YAYOI SMART CONNECT …………… 208

あ行

インターネットに接続 ………………… 42, 52
オフライン保存（アクセス）…… 87, 119, 133

か行

キャビネット …………………………… 24
検索 ……………………………………… 32

さ行

写真の日付を変更 ……………………… 224
写真を閲覧 ……………………… 222, 232
写真を検索 ……………………………… 226

写真を編集／修整 …………………228, 234
収支を確認（Dr.Wallet）…………170, 176
収入・支出を手入力（Dr.Wallet）………168
書類をスキャン …………………………12
スキャンデータの転送 …………………23
スキャンデータの転送設定 ……………20
スキャンデータの表示 …………………16
スキャンデータの振り分け状態を確認 …60, 64
スキャンデータの振り分け直し ……62, 65
スキャンデータの保存先を設定 ………46, 54
スキャンデータの保存先を変更 ………56, 58
スタック（Evernote）…………………157
スマートフォンにDropboxのファイルを保存 ……87
スマートフォンにGoogle Driveのファイルを保存 …119
スマートフォンにOneDriveのファイルを保存 …133
スマートフォンのファイルをDropboxに保存 ……86
スマートフォンのファイルをGoogle Driveに保存 …118
スマートフォンのファイルをOneDriveに保存 …132
スマートフォン版Dropboxをインストール ………82
スマートフォン版Dr.Walletをインストール ……172
スマートフォン版Eightをインストール …………150
スマートフォン版Evernoteをインストール ……100
スマートフォン版freee ……………………188
スマートフォン版Google Driveをインストール …114
スマートフォン版Googleフォトをインストール …230
スマートフォン版MFクラウド会計 …………198
スマートフォン版OneDriveをインストール …128

た・な行

対応するクラウドサービス …………………38
タグ（Evernote）……………………………98
通知設定 ……………………………………70
つながり（Eight）…………………………148
テストスキャンを行う ……………………48, 55
ノートブック（Evernote）…………………96

は行

パソコンに接続 ……………………………10
表示比率を変更 ……………………………17
ファイル形式 ………………………………14
ファイル形式を設定 ………………………15
フォルダ ……………………………………24
付属DVD-ROM ……………………………8
ページ内の文字を検索 ……………………32
ページを回転 ………………………………18
ページを削除 ………………………………19

ま行

無線LANに接続 ……………………………26
名刺をEvernoteで整理 ……………………156
名刺をスキャン ……………………………142
名刺を表示 …………………………………152
名刺をラベルで整理 ……………………146, 154
モバイルに保存 ……………………………20

や・ら行

弥生会計オンライン ………………………208
弥生会計オンラインのアカウントを作成 ……210
弥生会計オンラインの初期設定 …………212
読み取り設定を変更 ……………………66, 69
リモートでスキャン …………………………28
領収書をスキャンして登録（freee）………184
領収書をスキャンして登録（MFクラウド会計）…196
領収書をスキャンして登録（STREAMED）…206
領収書をスキャンして登録（弥生会計オンライン）…214
レシート情報を編集（Dr.Wallet）……166, 174
レシートをスキャン（Dr.Wallet）…………164

お問い合わせについて

本書に関するご質問については、本書に記載されている内容に関するもののみとさせていただきます。本書の内容と関係のないご質問につきましては、一切お答えできませんので、あらかじめご了承ください。また、電話でのご質問は受け付けておりませんので、必ずFAXか書面にて下記までお送りください。
なお、ご質問の際には、必ず以下の項目を明記していただきますようお願いいたします。

1. お名前
2. 返信先の住所またはFAX番号
3. 書名
   （ゼロからはじめる ScanSnap Cloud スマートガイド）
4. 本書の該当ページ
5. ご使用の機種やソフトウェアのバージョン
6. ご質問内容

なお、お送りいただいたご質問には、できる限り迅速にお答えできるよう努力いたしておりますが、場合によってはお答えするまでに時間がかかることがあります。また、回答の期日をご指定なさっても、ご希望にお応えできるとは限りません。あらかじめご了承くださいますよう、お願いいたします。ご質問の際に記載いただきました個人情報は、回答後速やかに破棄させていただきます。

お問い合わせの例

FAX

1. **お名前**
   技術 太郎
2. **返信先の住所またはFAX番号**
   03-XXXX-XXXX
3. **書名**
   ゼロからはじめる
   ScanSnap Cloudスマートガイド
4. **本書の該当ページ**
   40ページ
5. **ご使用の機種やソフトウェアのバージョン**
   ScanSnap iX100
   Xperia X Performance
   Android 6.0.1
6. **ご質問内容**
   手順3の画面が表示されない

お問い合わせ先

〒162-0846
東京都新宿区市谷左内町21-13
株式会社技術評論社　書籍編集部
「ゼロからはじめる ScanSnap Cloud スマートガイド」質問係
FAX番号　03-3513-6167
URL：http://book.gihyo.jp

ゼロからはじめる ScanSnap Cloud スマートガイド

2016年12月25日　初版　第1刷発行

著者	リンクアップ
発行者	片岡 巌
発行所	株式会社 技術評論社
	東京都新宿区市谷左内町21-13
電話	03-3513-6150　販売促進部
	03-3513-6160　書籍編集部
編集	田中 秀春
装丁	菊池 祐（ライラック）
本文デザイン・DTP	リンクアップ
製本／印刷	図書印刷株式会社

定価はカバーに表示してあります。
落丁・乱丁がございましたら、弊社販売促進部までお送りください。交換いたします。
本書の一部または全部を著作権法の定める範囲を超え、無断で複写、複製、転載、テープ化、ファイルに落とすことを禁じます。
©2016 リンクアップ

ISBN978-4-7741-8542-2 C3055
Printed in Japan